# 数控铣床
## （加工中心）
# 实训指导与实习报告

本书编写组　编

韩　江　审

U0295819

合肥工业大学出版社

## 内容提要

本书结合职业教育实训的特点,以 XK7140—FANUC—0i 系统数控铣床为基础,共分 12 个项目。从安全教育入手,分别介绍了数控铣床(加工中心)的基本操作、界面操作、零件的加工实例及综合实训等内容,全书从操作原理——编程举例——操作实践——零件加工为主线,将"教、学、做"融为一体。本书在编排上分成"实训指导篇"和"实习报告篇"两部分,让学生手脑并用,提高训练技能。每一份实习报告都可单独剪下送教师批改,对学生素质与能力的培养很有帮助。

本书可作为高职高专院校和中等职业学校数控技术、机电一体化、机械制造等专业的实训教材。

**图书在版编目(CIP)数据**

数控铣床(加工中心)实训指导与实习报告/《数控铣床(加工中心)实训指导与实习报告》编写组编. —合肥:合肥工业大学出版社,2011.2

ISBN 978-7-5650-0348-6

Ⅰ.①数… Ⅱ.①数… Ⅲ.①数控机床:铣床—程序设计—高等学校:技术学校—教学参考资料②数控机床加工中心—程序设计—高等学校:技术学校—教学参考资料③数控机床:铣床—操作—高等学校:技术学校—教学参考资料④数控机床加工中心—操作—高等学校:技术学校—教学参考资料 Ⅳ.TG547②TG659

中国版本图书馆 CIP 数据核字(2011)第 006285 号

## 数控铣床(加工中心)实训指导与实习报告

本书编写组 编 　　　　　　　　责任编辑　陈淮民　张择瑞

| | | | |
|---|---|---|---|
| **出　版** | 合肥工业大学出版社 | **版　次** | 2011 年 2 月第 1 版 |
| **地　址** | 合肥市屯溪路 193 号 | **印　次** | 2011 年 2 月第 1 次印刷 |
| **邮　编** | 230009 | **开　本** | 787 毫米×1092 毫米　1/16 |
| **电　话** | 总编室:0551-2903038 | **印　张** | 9 |
| | 发行部:0551-2903198 | **字　数** | 211 千字 |
| **网　址** | www.hfutpress.com.cn | **印　刷** | 合肥星光印务有限责任公司 |
| **E-mail** | press@hfutpress.com.cn | **发　行** | 全国新华书店 |

主编信箱　yh2184@126.com 　　　　责编信箱/热线　Chenhm30@163.com　13905512551

ISBN 978-7-5650-0348-6 　　　　　　　定价:15.80 元

如果有影响阅读的印装质量问题,请与出版社发行部联系调换

## 序　言

高等职业教育是大众化高等教育的一种重要类型，是我国高等教育的一个重要组成部分。高等职业教育更注重加强实践技能训练，提高实际动手能力，培养服务于生产、建设、管理、服务一线的应用技能型人才。国家已把发展和改革职业教育作为重点工作，高等职业教育的地位和作用日益突出。

温家宝总理在视察常州信息职业技术学院时明确指出："职业学校的学生，要学习知识，还要学会本领，学会生存。"他的言语很普通、很实际，也给我们定下了培养目标。

几年来众多高职高专院校都在为尽快培养出高素质应用技能型人才在努力奋斗和积极探索。他们经过多年的教学实践，自编了一些与之相适应的"校本讲义"。我们欣慰地看到几所学校联合起来，把各自的教学成果、经验都端出来，并且还联合了几家实习基地的企业一起成立了编写组，集各家之长编写这套教材。这样做我举双手赞成。

本套教材编写充分体现了以学生为本，从学生的角度思考问题，从学生的立场来解决难题。这样的教材有利于学生丰富经历、开阔视野、发扬个性、自主选择。

本套教材具有以下特色：

1. 教材内容安排坚持"理论知识够用为度、专业技能实用为本、实践训练应用为主"的原则。注重市场发展需求，尽力去体现职教教材强化技能培训、满足职业岗位需要的特点。

2. 为让学生做好实践训练，必须掌握知识要点。"实训原理"中用链接图交代各知识点之间的横向联系以及纵向衔接关系。

3. 为了提高学生职业技能和动手本领，使理论基础与实践技能有机地结合起来，要求学生及时上交实习报告。这可以培养学生的实践能力、分析处理问题的能力。手脑并用、综合发展，一定能培养出具有必需的理论知识和较强的实践能力的应用型人才。

本套教材在如何增强动手能力上下了一番工夫。动手可以避免学生眼高手低，防止出现"理论说一套，实践不着调"。动手包括动手操作和动手动脑写报告。动手动脑能力强的学生，日后必然会有较好的就业能力。

　　各校可以结合每一个学校的具体情况，如课程设置时间的长短、实习设备的多少、材料的不同等等，根据以上综合因素，来确定实训的科目。本书选择的实训项目由浅入深、由简单到复杂，还是比较合理的，是按社会需求编排的。建议有条件的学校，还是多给学生布置任务，要达到中级技术水平最好把所有科目都做下来。

　　相信这套教材一定会受到高职高专数控专业学生和实习实训指导教师的欢迎！

韩　江

2010 年 5 月

# 前　　言

我们几所院校在自编讲义的基础上，集各家之长汇编成本教材。本书共分12个项目。各项目都针对不同内容，从入门知识、安全教育开始，介绍了数控铣床、加工中心的基本操作、零件的加工实例、综合训练等。每个项目都能为教师提供实训依据，从机械识图、材料、公差配合、测量、工艺、编程到实际操作都有针对性的思考题和实习报告，从而也减轻了指导教师的负担。

本书内容主要以 XK7140—FANUC—0i 系统铣床基础编写的，突出以下特点：

（1）职业教育特点明显，内容以职业技能教学大纲为依据，突出实践的原则。

（2）强调普通铣床的加工工艺与数控铣床、加工中心的编程有机结合。

（3）从编程到加工列举了针对性的案例，供读者学习与实践。

（4）全书以编程原理＋编程举例＋数控加工为主线，将"教、学、做"融为一体。

本书在编排上分成"实训指导篇"和"实习报告篇"两部分。每个实训项目都有作业（实训思考题）和相关的实习报告。每份实习报告可单独剪下，交教师批改。

本书可作为高职高专院校和中等职业学校数控技术、机电一体化、机械制造等专业教学实践指导用书。

感谢合肥工业大学机械与汽车工程学院韩江教授审定书稿并为本书作序；感谢出版社各部门的密切配合。本书在编写过程中参考了兄弟院校的教材和资料，得到了有关院校教师以及工程技术人员的大力支持和技术指导，特此表示感谢。

因编者水平有限、时间仓促，缺点和错误在所难免，恳请读者指正。

**本书编写组**

2010 年 12 月

**主编学校**

    阜阳职业技术学院

    安徽国防科技职业学院

**参编学校**（以汉语拼音为序）

    安徽电子信息职业技术学院

    安徽工业职业技术学院

    安徽冶金职业技术学院

    安徽职业技术学院

    池州职业技术学院

    滁州职业技术学院

    合肥通用职业技术学院

    淮北职业技术学院

    宿州职业技术学院

    铜陵职业技术学院

    宣城职业技术学院

**参编企业**（以汉语拼音为序）

    安徽开乐专用车辆股份有限公司

    阜阳轴承股份有限公司

## ══ 本书编写组 ══

**执　笔**（以姓氏笔画为序）

| | | | | | |
|---|---|---|---|---|---|
| 万海鑫 | 王晓明 | 尹柏龙 | 朱卫胜 | 朱明星 | 刘良河 |
| 孙桂良 | 杨　辉 | 李光波 | 李　诺 | 许光彬 | 吴克祥 |
| 张付学 | 张宣升 | 陈之林 | 陈　立 | 邵　刚 | 周文兵 |
| 徐敬广 | 徐　雷 | 黄道业 | 常玉福 | 舒晓春 | 谢　暴 |

**统　稿**　杨　辉　黄道业

**审　定**　韩　江

# 目　　录

# 实训指导篇

## 实训指导 1 　安全文明教育及机床维护

**【实训目的/要求】**

实训目的：(1)培养学生的安全意识，养成文明操作的良好习惯；(2)掌握数控铣床、加工中心的日常维护与保养知识，培养良好的职业素养。

实训要求：遵守安全操作规程，遵守规章制度，按日常维护保养的检查方法和要求。

**【实训器材】**

本实训项目所需的主要设备、材料包括：FANUC0I系统数控铣床、数控铣床操作规程、数控铣床维护手册，应提前做好准备。

**【实训原理及步骤】**

本实训项目所依据的理论基础及相关知识点如下图：

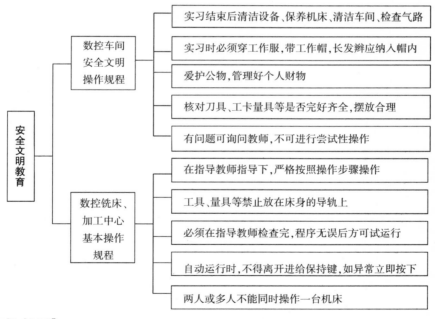

**【实训注意事项】**

1. 在指定的时间和机床完成本项目的实训操作，并按要求填写实训报告，按时上报给指导教师检查与批改；

2. 严格执行《实训车间安全操作规程》和《数控铣床基本操作规程》；

3. 要点：

(1)电器柜和操作台有电压终端，不得随意打开电器柜与操作台，更不准带电插拔；

(2)检查油箱的液位,及时补充。对手动润滑部位,要用指定的润滑油和液压油;

(3)机床出现故障,应及时停机并报告专业技术人员处理,不得带病工作或自行处理;

(4)认真仔细校验程序,防止因编程不当而造成的撞刀干涉事故;

(5)铣床上电及解除急停或超程解除后,回参考点时,应先回 Z 轴,再回其他各轴;

(6)机床参数已设好,不要随意更改;

(7)数控铣床通、断电要按操作说明书中的先后顺序进行,不可直接关闭总电源;

(8)操作者使用后要做好设备的使用记录,下课时要做好相应的检查。

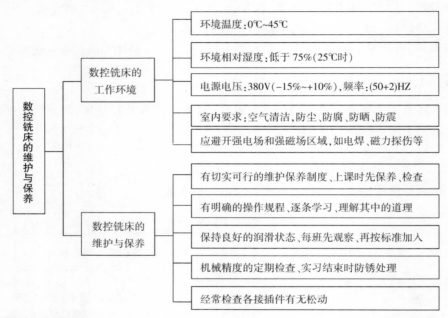

## 【实训所需知识点】

### 1. 机床的坐标系

#### (1)机床相对运动的规定

始终认为工件静止,而刀具是运动的,编程时不考虑工件与刀具具体运动的情况,依据零件图样,确定机床的加工过程。

#### (2)机床坐标系的规定

数控机床的各种动作都是由数控装置来控制,机床坐标系确定机床上运动位移和方向。以主轴轴线方向为 Z 轴方向,远离工件的方向为 Z 轴正。卧式铣床操作者面对主轴的侧方向为 X 轴正方向;立式铣床主轴右侧方向为 X 轴正方向。Y 方向可根据 Z、X 轴按右手笛卡尔直角坐标系确定,如图 1-1 所示。

①伸出右手,大拇指、食指和中指并互为 90°,则大拇指代表 X 坐标,食指代表 Y 坐标,中指代表 Z 坐标。

②大拇指指向为 X 轴的正方向,食指指向为 Y 轴的正方向,中指指向为 Z 轴的正方向。

③围绕 X、Y、Z 坐标旋转的旋转坐标分别用 A、B、C 表示,根据右手螺旋定则,大拇指的指向为 X、Y、Z 轴的正向,则其余 4 指旋转方向即为 A、B、C 的正向。

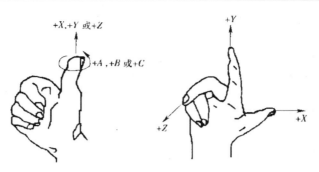

图 1-1　直角坐标系

## 2. 参考点

**（1）机床原点**

机床原点是指在机床上设置的一个固定点，即机床坐标系的原点。它在机床装配、调试时就已确定下来，是数控机床进行加工运动的基准参考点。通过回机床原点才能建立机床坐标系，消除由于漂移、变形带来的误差。数控铣床的机床原点一般设在 X、Y、Z 坐标的正方向极限位置。

**（2）机床参考点**

参考点是机床上一个固定点，与加工程序无关。数控机床的型号不同，其参考点的位置也不同。通常，立式铣床指定 X 轴正向、Y 轴正向和 Z 轴正向的极限点为参考点，又称为机床零点。首先"回零"，建立机床坐标系，CRT 上显示此时主轴的端面中心。

**（3）编程原点**

编程原点是通过对刀产生的，以编程原点为原点建立的坐标系为工件坐标系，是编程时的依据。在编程时，首先设定工件坐标系，程序中的坐标值均以工件坐标系为依据。

# 【数控铣床日常保养维护】

## 1. 数控铣床日常保养与维护

**（1）防止数控装置过热检查**

清理散热通风系统，检查各冷却风扇工作情况，方法如下：

① 拧下螺钉，拆下空气过滤器；

② 轻轻振动过滤器，用压缩空气由里向外吹掉空气过滤器内的灰尘；

③ 过滤器太脏时，可用中性清洁剂（清洁剂和水的配合 1∶6）冲洗（但不可揉擦）。

**（2）电网电压的监视**

数控机床允许的电压在额定值的 −15% ～ +10%。

**（3）防止尘埃进入数控装置**

① 尽量少开电气柜门。防止灰尘和金属粉末落在电路板和电器接插件上，造成绝缘电阻下降、损坏。气温过高时，不可打开数控柜门，采用吹风降温，会导致系统加速损坏。

② 受外部尘埃、油雾污染的电路板和接插件可采用电子清洁剂喷洗。

**（4）电池和电刷的检查**

为避免数据、参数与加工程序的丢失，及时更换电池。即使电池尚未消耗完，也应每年更换一次,应在 CNC 装置通电状态下更换电池。电刷磨损情况,检查周期为半年或一年。

(5)机床长期不用时的维护

当机床长期闲置不用时,每周通电 1～2 次,每次不少于 3 小时,在机床锁住的情况下,让其空运行,利用电器元件本身发热驱走潮气。如机床长期闲置,应取出电刷。

(6)检查因维护不当而引发故障的元器件

① 易污染件:传感器、接触器的铁芯截面、过滤器、风道;

② 有寿命要求:存储器电池及其电路、继电器、高频接触器等;

③ 易氧化与腐蚀:继电器与接触器触头、接插件接头、保险丝卡座、接地点等;

④ 易磨损:碳刷、离合器的摩擦片、轴承、高频动作的接触器;

⑤ 易疲劳失效:含有弹簧元器件的弹性失效、常拖动弯曲的电缆断线;

⑥ 易松动:机械手的传感器、定位机构、位置开关、编码器等;

⑦ 易温升:回路中大功率元件;如变压器、继电器、接触器、电机等;

⑧ 易泄漏:冷却液、润滑油、液压回路等。

**2. 数控铣床日常保养与维护内容**

有计划、有目的地对机床进行保养与维护,维护过程中发现的故障隐患可以及时加以清除。系统维护保养通常是点检和日常维护,数控机床的日常维护内容如表 1-1 所示。

表 1-1　数控机床的日常维护

| 序号 | 检查周期 | 检查部位 | 检查要求 |
|---|---|---|---|
| 1 | 每天 | 主轴、导轨润滑油箱 | 检查油量、油温,添加润滑油,泵是否工作良好 |
| 2 | 每天 | 机床液压系统 | 有无异常噪声、泄漏,油面高度、压力表指示是否正常 |
| 3 | 每天 | 气源压力、干燥器 | 气动系统压力是否正常、及时清理分水器中滤出的水分 |
| 4 | 每天 | 转换器和增压器油面 | 油量不够时要及时补足 |
| 5 | 每天 | X,Y,Z 轴导轨面 | 清除切屑和脏物,检查导轨面,润滑油是否充足 |
| 6 | 每天 | 各防护装置 | 导轨、机床防护罩等是否齐全有效 |
| 7 | 每天 | 电气柜各散热通风装置 | 冷却风扇是否正常,过滤网有无堵塞;清洗过滤器 |
| 8 | 每天 | 各电气柜过滤网 | 清洗拈附的灰尘 |
| 9 | 不定期 | 冷却油箱、水箱 | 添加或更换油(或水),清洗油箱(水箱)和过滤器 |
| 10 | 不定期 | 废油池 | 及时取走积存在废油池中的废油,以免溢出 |
| 11 | 不定期 | 排屑器 | 经常清理切屑,检查有无卡死现象 |
| 12 | 半年 | 检查主轴驱动带 | 按机床说明书要求,调整驱动带的松紧程度 |
| 13 | 半年 | 导轨上镶条、压紧滚轮 | 按说明书要求调整松紧状态 |
| 14 | 一年 | 检查或更换电机碳刷 | 去除换向器毛刺,吹净碳粉,磨损的碳刷及时更换 |
| 15 | 一年 | 液压油路 | 清洗溢流阀、减压阀、滤油器;过滤液压油或更换 |
| 16 | 一年 | 主轴润滑恒温油箱 | 清洗过滤器、油箱,更换润滑油 |
| 17 | 一年 | 润滑油泵,过滤器 | 清洗润滑油池,更换过滤器 |
| 18 | 一年 | 滚珠丝杠 | 清洗丝杠上旧的润滑脂,涂上新油脂 |

## 思 考 题

1. 简述实训数控铣床、加工中心安全操作的意义。

2. 简述数控铣床、加工中心使用中存在哪些安全隐患?

3. 结合实际,请给某数控机床制定一份维护安排表。

4. 数控机床日常维护的内容有哪些?

# 实训指导2　数控铣床、加工中心的开机实训

## 【实训目的/要求】

**实训目的:**(1)了解数控铣床的类型;(2)了解数控铣床的结构;(3)掌握数控铣床的主要性能;(4)掌握数控铣床的开机检查方法。

**实训要求:**遵守安全操作规程,按照指导老师要求的步骤操作。

## 【实训器材】

本实训项目所需的主要设备、材料包括:FANUC 系统数控铣床。

## 【实训原理及步骤】

本实训项目所依据的理论基础及相关知识点如下图:

## 【实训注意事项】

1. 在指定的时间和机床完成本项目的实训操作,并按要求填写实训报告,按时上报给指导教师检查与评阅;

2. 严格执行《实训车间安全操作规程》和《数控铣床基本操作规程》;

3. 要点:

开机 26 步实训

**(1)通电前的外观检查(8 步)**

① 机床电器检查　打开机床电控箱,检查继电器、接触器、熔断器、控制单元插座等,如有松动应恢复正常状态,有锁紧机构的接插件要锁紧,有转接盒的检查转接盒插座接线。

② CNC 电箱检查　打开 CNC 电箱门,检查插座,包括接口插座、伺服电机反馈线插

座、脉冲发生器插座、CRT 插座等,如有松动要重新插好,有锁紧机构要锁紧。

③ 接线质量检查 检查所有的接线端子,每个端子要用旋具紧固一次,直到用旋具拧不动为止(弹簧垫圈要压平)。

④ 电磁阀检查 电磁阀要用手推动数次,防止长时间不通电造成的动作不良。

⑤ 限位开关检查 检查所有限位开关动作的灵活性及固定情况。

⑥ 按钮及开关检查 检查面板上的按钮、开关、指示灯、CRT 单元上的插座及接线。

⑦ 地线检查 有良好的地线,测量机床地线、CNC 装置的地线,接地电阻不大于 $1\Omega$。

⑧ 电源相序检查 用相序表检查输入电源的相序,确认电源相序与标定电源相序一致。

**(2)机床总电源的接通(3 步)**

① 接通机床总电源 检查电箱、电机风扇、电器箱冷却风扇的转向是否正确,润滑、液压等处的油标指示及照明灯,熔断器有无损坏。

② 测量强电部分的电压 特别是供 CNC 及伺服单元用的电源变压器的初、次级电压。

③ 观查有无漏油 特别是供转塔转位、卡紧、主轴换挡及卡盘卡紧等液压缸和电磁阀。

**(3)CNC 电箱通电(8 步)**

① 按 CNC 电源通电按钮,接通 CNC 电源。观察 CRT 显示,直到出现正常画面为止。

② 打开 CNC 电箱,根据测试端子的位置测量各级电压,有偏差的应调整到给定值。

③ 将状态开关置于适当位置,如 FANUC 系统应放置在 MDI 状态,选择到参数页面。

④ 选择 JOG 位置,低速点动各坐标正、反向操作,验证保护的可靠性、撞块安全性。

⑤ 选择 ZRN 方式,完成回零操作,观察回零动作。

⑥ 选择 JOG 或 MDI 方式,手动变速试验。将主轴调速开关放在最低位置,进行各档的主轴正、反转试验。

⑦ 进行手动导轨润滑试验,使导轨有良好的润滑。

⑧ 逐渐变化快移超调开关和进给倍率开关,点动刀架,观察速度变化情况。

**(4)MDI 试验(5 步)**

① 选择机床锁紧方式,用手动数据输入指令,进行主轴任意变挡、变速试验。

② 若机床能够自动换刀,进行换刀实验。检查刀座或转正、反转和定位精度的正确性。

③ 功能试验 用 MDI 方式指令 G01,G02,G03 并指令适当的主轴转速、F 码、移动尺寸等,调整进给倍率开关,观察功能执行及进给率变化情况。

④ 给定螺纹切削指令 G32,而不给主轴转速指令,观察执行情况。

⑤ 循环功能试验。将机床锁住进行试验,再放开机床进行试验。

**(5)EDIT 功能试验**

选择 EDIT 方式,移动刀具最大行程,程序的增加、删除和修改。

**(6)AUTO 状态试验**

将机床锁住,用已编制的程序进行空运转试验,验证程序的正确性。分别将进给倍率开关、快移超调开关、主轴速度超调开关进行多种变化,再将各超调开关置于 100% 处,使机床充分运行,观察整机的工作情况。

# 思 考 题

1. 数控机床气动系统维护的要点是什么?

2. 数控机床液压系统常见故障的特征是什么?

3. 数控机床液压元件常见故障及排除方法是什么?

4. 分析数控机床滑动导轨副的间隙过大或过小对加工质量有何影响?

# 实训指导 3　数控铣床、加工中心的基本操作

## 【实训目的/要求】

实训目的:(1)掌握数控铣床、加工中心的按键和旋钮应用;(2)掌握夹具、工件安装找正的基本方法;(3)掌握对刀的基本方法及操作步骤。

实训要求:遵守安全操作规程,按照老师要求的步骤操作;掌握各个功能键的具体应用。

## 【实训器材】

本实训项目所需的主要设备、材料包括:FANUC 系统数控铣床、毛坯、外圆刀、立铣刀、游标卡尺、千分尺。

## 【实训原理及步骤】

本实训项目所依据的理论基础及相关知识点如下图:

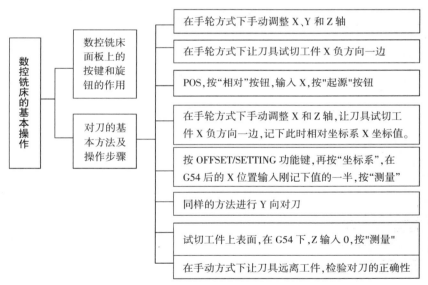

## 【实训注意事项】

1. 在指定的时间和机床上完成本项目的实训操作,并按要求填写实训报告,按时上报给指导教师检查与评阅;

2. 严格执行《实训车间安全操作规程》和《数控铣床基本操作规程》;

3. 要点:

(1)工件的装夹应牢固可靠,注意避免在工作中刀具与工件或刀具与夹具的干涉;

(2)工件的编程原点应与对刀具所确定的工件原点一致;

(3)对刀前观察 POS 画面中坐标系,应先进行回参考点的操作后对刀;

(4)试切时,不宜切入太多,以免变形产生误差及伤害工件。

## 【实训所需知识点】

### 1. 数控铣床面板介绍

XK715FANUC 0I mC 数控铣床操作面板分三个区:带有显示器的是显示区;显示器右边的是数控键盘区;显示器下方是机床控制区,如图 2-1 所示。

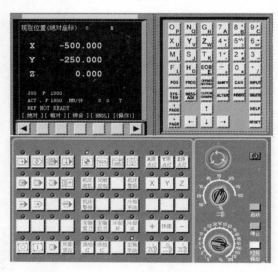

图 2-1  FANUC0i 系列铣床操作界面

机床系统面板的各键的功能如表 3-1 所示。

表 3-1  CRT/MDI 面板主功能

| MDI 软键 | 功能 |
| --- | --- |
| PAGE↑ PAGE↓ | 软键PAGE↑实现显示内容向上翻页;软键PAGE↓实现显示内容向下翻页 |
| ↑ ← ↓ → | 移动光标位置。软键实现光标的向上、向下、向左、向右移动 |
| OP NG GR XU YV ZW MI SJ TK FL HD EOB E | 击SHIFT键,输入右下角字符。如:击键SHIFT后,再击OP,输入P;"EOB"将输入";"表示换行结束 |
| 7A 8B 9C 4↑ 5↕ 6↓ 1 2 3 - 0 · | 字符输入,如:击键5,输入"5",击键SHIFT,再击5,输入"]" |
| POS | 显示器显示坐标值 |
| PROG | 显示器进入程序编辑和显示界面 |
| OFFSET SETTING | 显示器进入设置、补偿显示界面 |

（续表）

| MDI 软键 | 功能 |
|---|---|
| SYS-TEM | 显示器进去参数设置界面 |
| MESS-AGE | 显示器进入信息、报警、过程显示界面 |
| CUSTOM GRAPH | 在自动运行状态下将数控显示切换至轨迹模式 |
| SHIFT | 输入字符切换键 |
| CAN | 取消键，用于取消键盘缓冲区最后一个字符 |
| INPUT | 将数据域中的数据输入到指定的区域 |
| ALTER | 字符替换 |
| INSERT | 将输入域中的内容输入到指定区域 |
| DELETE | 删除键 |
| HELP | 帮助键，用于显示帮助信息 |
| RESET | 机床复位 |

机床操作面板的各键的功能如表 3-2 所示

表 3-2　数控铣床操作面板

| 按钮 | 名称 | 功能说明 |
|---|---|---|
| | 自动运行 | 按此按钮，系统进入自动加工模式 |
| | 编辑 | 按此按钮，系统进入程序编辑状态 |
| | MDI | 按此按钮，进入 MDI 模式，手动输入并执行指令 |
| | 远程执行 | 按此按钮，进入远程执行模式，输入输出资料 |
| | 单节 | 按此按钮，运行程序时每次执行一条数控指令 |
| | 单节忽略 | 按此按钮，数控程序中的注释符号"/"有效 |

（续表）

| 按钮 | 名称 | 功能说明 |
|---|---|---|
| | 选择性停止 | 此按钮被按下后，"M01"代码有效 |
| | 机械锁定 | 锁定机床 |
| | 试运行 | 空运行 |
| | 进给保持 | 程序运行暂停,按"循环启动"恢复运行 |
| | 循环启动 | 程序运行开始;系统处于"自动运行"或"MDI"位置时按下有效,其余模式下使用无效 |
| | 循环停止 | 在数控程序运行中,按下此按钮停止程序运行 |
| | 回原点 | 机床处于回零模式;机床执行回零操作,才可运行 |
| | 手动 | 机床处于手动模式,连续移动 |
| | 手动脉冲 | 机床处于手轮控制模式 |
| | 手动脉冲 | 机床处于手轮控制模式 |
| X | X轴选择按钮 | 手动状态下 X 轴选择按钮 |
| Y | Y轴选择按钮 | 手动状态下 Y 轴选择按钮 |
| Z | Z轴选择按钮 | 手动状态下 Z 轴选择按钮 |
| + | 正向移动按钮 | 手动状态,击该按钮系统将向所选轴正向移动。在回零状态,击该按钮将所选轴回零 |
| − | 负向移动按钮 | 手动状态,击该按钮系统将向所选轴负向移动 |
| 快速 | 快速按钮 | 点击该按钮将进入手动快速状态 |
| | 主轴控制按钮 | 依次为:主轴正转、主轴停止、主轴反转 |
| 启动 | 启动 | 系统启动 |
| 停止 | 停止 | 系统停止 |

（续表）

| 按钮 | 名称 | 功能说明 |
|------|------|----------|
| | 超程释放 | 系统超程释放 |
| | 主轴倍率选择 | 移动此旋钮，来调节主轴旋转倍率 |
| | 进给倍率 | 调节运行时的进给速度倍率 |
| | 急停按钮 | 按下此按钮，机床移动立即停止，输出都会关闭 |
| | 手轮轴选择 | 手轮状态下，来选择进给轴 |
| | 手轮进给倍率 | 手轮状态，调节点动/手轮步长，X1、X10、X100 分别代表移动量为 0.001mm、0.01mm、0.1mm |
| | 手轮 | 通过此旋钮来转动手轮 |

### 2. 数控铣床操作

**（1）电源的接通**

① 首先检查机床的初始状态，以及控制柜的前、后门是否关好；

② 接通机床的电源开关，此时面板上的"电源"指示灯亮；

③ 按下【机床复位】按钮，CRT 出现位置显示画面，【准备好】指示灯亮；

【注意】在出现位置显示和报警画面前，请不要操作 CRT/MDI 面板上的功能键，会引起参数丢失，出现黑屏现象。此过程很短，不到半分钟即可完成。

④ 确认风扇电机转动正常。

**（2）电源关闭**

① 确认操作面板上【循环启动】指示灯已经关闭；

② 确认机床运动停止，按下【停止】按钮，【准备好】指示灯灭，系统电源被切断；

③ 切断机床的电源开关。

**（3）手动操作**

① 选择【回零】方式，按【手动轴选择】选定一个坐标轴，再按"＋"向。

② 手动连续进给（手动方式）。选择【手动】方式，按【手动轴选择】中的【X】、【Y】或【Z】其中一个键。按下"＋"或"－"键，观察工作台或 Z 轴的升降、正、负方向移动，以免碰撞。按【快速】键，观察工作台或 Z 轴的升降速度。

③ 手轮方式。

选择【手轮】模式，选择手动进给轴 X、Y 或 Z，由手轮轴倍率旋钮调节脉冲当量，旋转手轮，可实现手轮连续进给移动。注意旋转方向，以免碰撞。

（4）程序编制

选择【编辑】，按下【PRGRM】键，CRT 出现编程界面，按程序格式进行程序输入，也可对程序进行选择、拷贝、改名、删除、通信、取消等操作。

（5）自动运行

1）存储器方式下的自动运行　正确安装工件及刀具，并进行对刀操作，操作步骤：

① 程序存入存储器──▶选择要运行的程序；

② 选择【自动】模式──▶按【循环启动】键，开始自动运行，"循环启动指示灯"亮。

2）MDI 方式下的自动运转

① 选择【MDI】模式──▶按【PRGRM】键；

② 按【PAGE】键，使画面的左上角显示 MDI──▶由地址键、数字键；

③ 输入指令或数据，按【INPUT】键确认──▶按【循环启动】键执行。

3）自动运转停止

① 程序停止（M00）。执行 M00，自动运转停止，按【循环启动】键，开始自动运转；

② 选择停止（M01）。执行 M01，自动运转停止，限于【选择停止】开关有效时；

③ 程序结束（M02，M30）。自动运转停止，复位状态；

④ 进给保持。在程序运转中，按【进给保持】按钮，使自动运转暂时停止；

⑤ 复位。由 CRT/MDI 的复位按钮、外部复位信号可使自动运转停止。若在移动中复位，机床减速后停止。

（6）试运行

① 机床锁住。若按【锁定】键，机床停止移动，但位置坐标的显示和机床移动时一样。M、S、T 功能可执行，此开关用于程序的检测过程中；

② Z 轴指令取消。若接通 Z 轴指令取消开关，则手动、自动运转中的 Z 轴停止移动，位置显示却同其轴实际移动一样被更新；

③ 辅助功能锁住。机床【锁定】，M、S、T 代码被锁住不能执行，M00、M01、M02、M30、M98、M99 可正常执行。辅助功能锁住与机床锁住用于程序检测；

④ 进给速度倍率。改变进给倍率，可实现 0%～150% 的倍率修调；

⑤ 快速进给倍率。将快速进给速度变为 100%、50%、25% 或 F0（由机床决定）。

分为由 G00 指令的快速进给；固定循环中的快速进给；执行指令 G27、G28 时的快速进给；手动快速进给；

⑥ 单程序段。选择【单段】模式，则执行一个程序段后，机床停止；

● 使用指令 G28、G29、G30 时，即使在中间点，也能进行单程序段停止；

● 固定循环的单程序段停止时，【进给保持】灯亮；

● M98P×× ，M99。程序段不能单程序段停止。但是 M98、M99 的程序中有 O、N、P 以外的地址时，可以单程序段停止。

（7）数据的显示与设定。偏置量设置，操作步骤如下：

按【OFFSET】──▶按【PAGE】键，显示所需要的页面──▶光标移向需要变更的偏置号位置──▶由数据输入键输入补偿量　　　按【INPUT】键，确认并显示补偿值。

（8）机床的急停

① 按下【急停】，进给和主轴运动立即停止。复位后，需重新返回参考点；

② 按【进给保持】,处于保持状态。急停解除,按下【循环启动】,无需进行返回参考点。

(9)【超程】报警刀具超越了机床限位开关规定的行程时,显示报警,刀具减速停止。此时用手动将刀具移向安全的方向,然后按【复位】按钮解除报警。

# 思 考 题

1. 简述学习数控铣床的安全操作规程的意义。

2. 机床回零(回参考点)的主要作用是什么? 在哪些情况下要回参考点?

3. 简述数控铣床对刀另外的几种方式。

# 实训指导 4　　平面类零件的加工

## 【实训目的/要求】

**实训目的：**(1)了解工件定位、装夹的原则与步骤；(2)掌握液压台虎钳装夹工件的注意事项；(3)通过实训，掌握刀具选择、对刀方法、磨耗补偿及编程、测量、切削用量的选取。

**实训要求：**遵守安全操作规程，按照工件的装夹操作要求与步骤操作，掌握对刀技巧。

## 【实训器材】

本实训项目所需的主要设备、材料包括：FANUC 系统数控铣床、240mm×130mm×25mm 毛坯、立铣刀、游标卡尺，应提前做好准备。

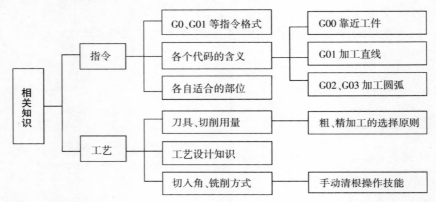

## 【实训原理及步骤】

1. 本实训项目所依据的理论基础及相关知识点如下图：2. 主要操作步骤：

输入程序(或从系统中调出已有程序)──→程序校验──→回参考点──→对刀(G54 坐标值输入)──→输入刀具形状参数──→自动运行程序加工(将进给倍率调低，G00 倍率调低，手放在急停按钮上，随时观察，如遇异常情况马上按下)。

## 【实训注意事项】

(1)机床上、下电时，应该按照顺序进行；

(2)回参考点时，要注意先回 Z 轴，各轴距离机械坐标为 100mm 以上；

(3)机床锁定后，要先会参考点再对刀加工；

(4)机床出现问题时应立即向指导老师报告；

(5)在关闭机床时，要把各轴放在中间位置，以保证机床的精度；

(6)不能在 BG—END 程式下输入程序，此程式下是机床自身系统程序输入；

(7)所建程序名不能与系统中已有的程序名重复；

(8)";"号不能作为程序名一同输入，输入程序名后再输入";"号；

（9）对程序的建立、编辑输入用 INSERT 键。

## 【加工零件图】

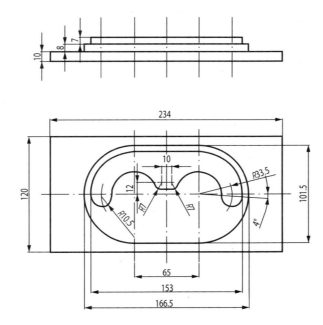

## 【实训所需知识点】

### 1. 工件装夹

#### （1）台虎钳找正步骤

① 将台虎钳与工作台底面擦拭干净；将台钳放到工作台上；

② 用百分表拉台钳固定钳口与机床一轴平行，用木槌或铜棒敲击调整，平行度误差为 0.01mm 内；

③ 拧紧螺栓使虎钳紧固在工作台上；

④ 再用百分表校验平行度是否变化。

#### （2）工件装夹步骤

① 根据所夹工件尺寸，调整钳口夹紧范围；

② 根据工件厚度选择合适尺寸垫铁，垫在工件下面；

③ 工件被加工表面部分要高出钳口，避免刀具与钳口发生干涉；

④ 圆形工件需使用 V 形铁装夹；

⑤ 旋紧手柄后，用木槌或铜棒敲击工件上表面，使工件底面与垫铁贴合；

⑥ 在此夹紧，用手拉垫铁，判断是否贴合；

⑦ 用杠杆百分表在此确定工件找正情况，必要时在次调整。

#### （3）装夹易出现的问题

① 工件安装时，要放在钳口的中部；

② 安装虎钳时，注意对固定钳口进行找正；

③ 工件被加工部分要高出钳口,避免刀具与钳口发生干涉;

④ 安装工件时,注意工件上浮,用手拉不动工件,为装夹合格。

### 2. 装刀、对刀、卸刀

**(1)手动状态下装上刀具的操作步骤**

① 将方式选择开关置于手动状态(JOG 或 HANDLE 状态);

② 主轴必须停止转动;

③ 有丝绸擦净刀柄锥部(不能用面纱,防止有棉毛脱落);

④ 左手握住刀柄下部,用力把刀柄推向主轴孔内,右手按下主轴上的刀具放松按钮,刀具即可装上(装刀时,应把主轴上的固定键对准刀柄上的槽,防止刀具没有安装到位)。

**(2)手动状态卸下主轴上刀具的操作步骤**

① 将方式选择开关置于手动状态(JOG 或 HANDLE 状态);

② 主轴必须停止转动;

③ 气源压力不低于 6kPa;

④ 左手握紧刀柄下部,时刻注意刀具下落,右手按下主轴上的刀具放松按钮,刀具即可卸下(卸下刀具时,防止刀具掉下,产生事故)。

**(3)手动对刀**

通过刀具确定工件坐标系与机床坐标系之间的位置关系,并将对刀数据输入到相应的存储位置。采用铣刀接触工件或通过塞尺接触工件对刀,但精度较低。实际加工中常用寻边器和 Z 向设定器对刀,效率高,且能保证对刀精度。

1)对刀方法

根据现有设备条件和加工精度要求选择对刀方法,可采用试切法、寻边器对刀、机内对刀仪对刀、自动对刀和机外对刀仪对刀等。其中试切法对刀精度较低,实际加工中常用寻边器和 Z 向设定器对刀。

2)对刀工具

有光电巡边器、机械寻边器、对刀标准量块、Z 轴设定器等,如图 4-1 所示。

图 4-1 寻边器

3)X、Y 轴对刀操作步骤

① 将找正器安装到主轴上;

② 在 MDI 模式下输入:"M03S300",按程序启动按钮,让主轴旋转;

③ 进入手动模式,把屏幕切换到相对坐标系显示状态;

④ 快速移动工作台和主轴,让寻边器测头靠近工件的一边;

⑤ 改用微调操作,让测头慢慢接触到工件左侧,直到光电寻边器发光或机械巡边器上

下部分成一条直线,记下此时机床坐标系中的 X 坐标值,也可用相对坐标起源(归零)的方式,设置为零点;

⑥ 抬起寻边器至工件上表面之上,快速移动工作台和主轴,让测头靠近工件另一边;

⑦ 改用微调操作,让测头慢慢接触到工件另一边,直到寻边器发光或机械巡边器上下部分成一条直线,记下此时机械坐标系中的 $X_1$ 坐标值;

⑧ 根据工件两次读数的差值,找出工件坐标系 X 原点的位置,把得到的数值输入即可,或将 X 轴移到中点,再 X 清零;

⑨ 用同样方法找 Y 轴中点;

⑩ 机械坐标系显示状态,X、Y 显示的数值即为工作坐标系原点位置。

4)G54 坐标系校验

① 将刀具提高到工件上表面 300mm 以上;

② 在 MDI 模式下输入:

③ G90G54GOOXOY0;

④ 执行后校验 G54 位置。

**【注意事项】**

① 不要用手故意拉或拽、扭,会使寻边器内的弹簧失去弹力而精度不准;

② 寻边器的工作速度一般控制在 300r/min 左右,转速太高会造成寻边器的损坏;

③ 要注意方向,并且随时调整手轮上的倍率。

5)Z 轴对刀

① 主轴停转;

② 卸下寻边器,将加工所用标准刀具装在主轴上;

③ 将 Z 轴设定器(或固定高度的对刀块)放置在工件上平面上,如图 4-2 所示;

图 4-2 Z 轴设定器

④ 快速移动主轴,让刀具端面靠近 Z 轴设定器上表面;使刀刃和量块微微接触(注意量块的插入与 Z 轴的移动要分步进行,否则移动 Z 轴刀具易被撞坏,发生事故)。

⑤ 改用微调操作,让刀具端面慢慢接触到 Z 轴设定器上表面,直到其指针指示到零位;

⑥ 记下此时机床坐标系中的 Z 值,如为 a;

⑦ 若 Z 轴设定器的高度为 b,则工件坐标系原点在机械坐标系中的 Z 坐标值为 -a-b。

6)Z 轴长度补偿校验

① 将刀具提高工件上表面 300mm 以上;

② 在 MDI 模式下输入:"G90G54G00G43Z100.0H1;";

③ 执行后校验 Z 轴长度补偿位置是否正确。执行时要注意刀具需距离工件 200mm,如不停止,应立即按下停止键。

### 3. 其他对刀方法

#### (1)百分表对刀

杠杆百分表一般应用于找正棒料零件,也可找正板料的面和机床的垂直度、平行度。

找正过程:用磁性表座将百分表粘在机床主轴端面上,手动或低速旋转主轴。然后手动操作使旋转的表头依 X、Y、Z 的顺序逐渐靠近工件表面,用步进移动方式,逐步降低倍率,调整 X、Y 位置,使得表头旋转一周时,其指针的跳动量在允许的范围内(如 0.02mm),记下此时机床坐标系中的 X、Y 坐标值,即为所找孔中心的位置。

## 【注意事项】

① 使用时,不能用力压过百分表的行程,会使它损坏;
② 使用时,要注意方向,并且随时调整手轮上的倍率。

#### (2)试切法对刀

试切法对刀找正一般精度比较低,所以适用于毛坯料或精度要求不高零件的加工。

将铣刀装夹在主轴上,按 X、Y 轴移动方向键,铣刀移到工件一侧空位的上方。再让铣刀下行,调整移动 X 轴,使刀具圆周刃口接触工件的一侧,记下此时刀具在机床坐标系中的 X 坐标 $X_a$,抬起刀具,把刀具移动到工件的另一侧,调整移动 X 轴,使刀具圆周刃口接触工件的这个侧面,记下此时刀具在机床坐标系中的坐标 $X_b$,抬起主轴。用同样的方法找正 Y 轴,记下 Y 坐标 $Y_a$ 和 $Y_b$,最后 X 轴和 Y 轴的零点为 $X=(X_a+X_b)/2$,$Y=(Y_a+Y_b)/2$。把计算出来的 X 轴和 Y 轴的坐标值输入到 G54 当中,即 X 轴和 Y 轴对刀完成。

## 【相关工艺知识】

### 1. 平面铣削操作

(1)通常要在工件外(空中)移动刀具至所需的深度;
(2)如果表面质量比较重要,在工件外(空中)改变刀具方向;
(3)为得到较好的切削条件,要保证刀具中点在工件区域内;
(4)选择的刀具直径通常为切削宽度的 1.5 倍。

### 2. 程序校验

程序输入已毕,至于输入是否正确还需实际校验。
(1)校验程序之前如果从未回过参考点的话首先应回参考点;
(2)然后用 G54 指令选择工件坐标系;
(3)输入或调出需校验的程序;
(4)按复位 RESET 键,使光标回程序头;
(5)按 GRAPH 功能键,显示图形坐标;
(6)按下自动加工、机床锁住、空运行几个按钮;
(7)按下程序自动运行按钮,观察程序运行轨迹。

# 思 考 题

1. 为何要进行轨迹的模拟仿真？能不能检验加工精度？

2. G90 与 G91 加工时有什么区别？

3. 简述刀具半径大小对零件的影响。

4. 用零件轮廓直接编程的方法加工出的零件尺寸符合要求吗？

# 实训指导5 刀具补偿功能实训

## 【实训目的/要求】

**实训目的:**(1)清楚掌握刀具补偿的意义;(2)在指导教师的指导下,正确合理的使用刀具补偿;(3)熟练掌握机床刀具补偿参数的修改。

**实训要求:**遵守安全操作规程,按照指导老师布置的任务与要求操作;准确判断左右刀具补偿的使用;灵活使用刀具半径补偿铣削多余零件材料。

## 【实训器材】

本实训项目所需的主要设备、材料包括:FANUC 系统数控铣床、100mm×100mm×15mm 毛坯、立铣刀、游标卡尺、应提前做好准备。

## 【实训原理及步骤】

1. 本实训项目所依据的理论基础及相关知识点如下图:

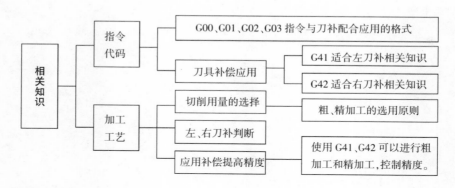

2. 主要操作步骤:

(1)打开压缩空气——打开机床电源——数控系统开关——释放急停按钮;

(2)机床回参考点——毛坯装夹找正——安装刀具——对刀;

(3)输入程序——试运行、试切削——自动加工;

(4)清扫机床并保养——把各轴移动到中间位置,保证机床精度;

(5)关机床,先按下急停按钮——关闭数控系统电源——关闭机床电源;

(6)关闭压缩空气;

(7)填写实训记录与实习报告。

## 【加工零件图】

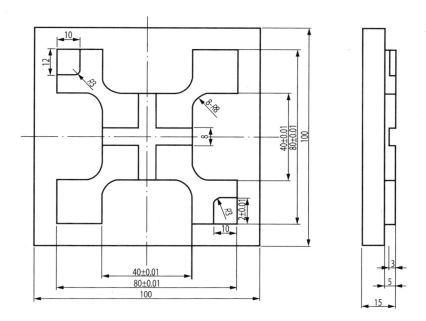

## 【实训注意事项】

1. 在指定的时间和机床上完成本项目的实训操作,并按要求填写实训报告,按时上报指导给教师检查与评阅。

2. 严格执行《实训车间安全操作规程》和《数控铣床基本操作规程》。

3. 要点:

(1)刀具补偿的判断与补偿量的确定;

(2)刀具补偿数值的设置不一定是刀具半径;

(3)刀具补偿的应用:可以加工凸凹模;进行粗、精加工;精度控制等。

## 【实训所需知识点】

### 1. 刀具半径补偿

(1)刀具半径补偿作用

由于铣刀半径的存在,刀具中心轨迹和工件轮廓不重合。编程按刀具中心轨迹进行,其计算相当复杂。刀具半径补偿功能,可使编程按工件轮廓进行,系统会自动计算刀具中心轨迹,使刀具偏离工件轮廓一个半径值。

(2)刀具半径补偿方法

假设刀具的半径为零,直接根据零件的轮廓形状进行编程,而实际的刀具半径则存放在刀具半径偏置寄存器中。当刀具半径发生变化,不需要修改程序,改变存寄存器中的刀具半径值(补偿值)即可。

(3)刀具半径补偿分类

① G41——刀具半径左偏补偿

格式:G41　Dnn。半径补偿量必须在刀具半径偏置寄存器中设置,G41一般与G00或G01指令在同一程序段中使用;

② G42——刀具半径右偏补偿

格式:G42　Dnn。沿刀具的进给方向看,刀具在编程轨迹的右侧运动;

③ G40——撤销刀具半径补偿。G40指令须与G41或G42指令成对使用。

**(4)刀具半径补偿的指令格式**

G17(G18、G19)G41(G42)G01(G00)X＿Y＿(X＿Z、Y＿Z＿)D＿;G40G00(G01);

**(5)刀具半径补偿过程**

1)刀具半径补偿的建立。在刀具接近工件时切削时,刀具中心从与编程轨迹重合过渡到与编程轨迹偏离一个偏置量的过程。

有三种方式:①先下刀后,再在X、Y轴移动中建立半径补偿;②先建立半径补偿后,再下刀到加工深度位置;③三轴同时移动建立半径补偿后再下刀。后两种容易出现废品,建议不要使用。

直线加工如图5-1所示,刀具从始点A移至终点B,当执行有刀具半径补偿指令的程序后,将在终点B处形成一个与直线AB相垂直的矢量BC,刀具中心由A点移至C点。沿着刀具前进方向观察,使用G41指令时,形成的新矢量在直线的左边,刀具中心偏向编程轨迹的左边;使用G42指令时,刀具轨迹偏向编程轨迹的右边。

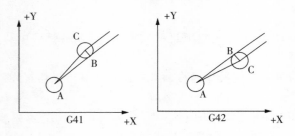

图5-1　刀具补偿的建立

圆弧切削如图5-2所示,B点的偏移矢量与AB相垂直。圆弧上每一点的偏移矢量方向总是变化的,由于直线AB和圆弧相切,所以在B点,直线和圆弧的偏移矢量重合,方向一致,刀具中心都在C点。若直线和圆弧不相切,则这两个矢量方向不一致,此时要进行拐角过渡处理。

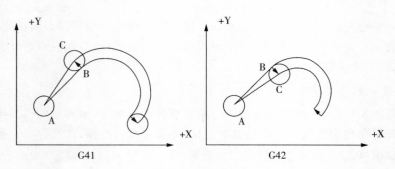

图5-2　刀具补偿建立

2)刀具半径补偿的进行。执行有 G41、G42 指令的程序段后,刀具中心始终与编程轨迹相距一个偏置量。

3)刀具半径补偿的撤销。与建立刀具补偿相反,在最后一段刀补轨迹加工完成后,应走一段直线撤销刀补,使刀具中心轨迹过渡到与编程轨迹重合。如图 5-3 所示。

**(6)偏移状态的改变**

刀具偏移状态从 G41 转换为 G42 或从 G42 转换为 G41,要经过偏移取消,即 G40 程序段。在 G00 或 G01 状态时,可直接转换,此时刀具中心轨迹如图 5-4 所示。

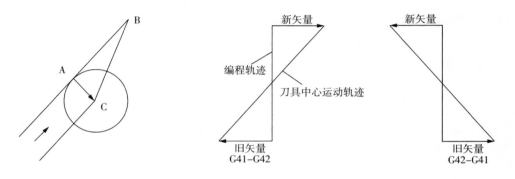

图 5-3　刀补取消　　　　　　　　图 5-4　刀具补偿变换

**(7)刀具偏移量的改变**

改变刀具偏移量通常要在偏移取消状态下,在换刀时进行。但在 G00 或 G01 状态下,可直接进行。如图 5-5 所示。

**(8)偏移量正负与刀具中心轨迹的位置关系**

如图 5-6 所示,偏移量取负值时,与刀具长度补偿类似,以 G41 和 G42 可以互相取代。如图(a)所示偏移量为正值时,刀具中心沿工件外侧切削。当偏移量为负值时,则刀具中心变为在工件内侧切削,如图(b)所示。反之,当图(b)中偏移量为正值时,则图(a)中刀具的偏移量为负值。

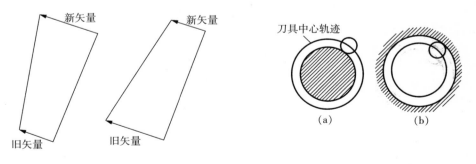

图 5-5　补偿值变化　　　　　　　　图 5-6　左右刀补

**(9)刀具半径补偿的应用**

① 因磨损、重磨或换新刀而引起刀具直径的变化,不必修改加工程序,只需在刀具参数设置中输入变化后的刀具直径或磨耗即可;

② 利用刀具半径补偿,可进行粗精加工;刀具半径为 r,精加工余量为 △。粗加工时,输

入偏置量(r＋Δ),则加工出点画线轮廓;精加工时,输入偏置量 r,则加工出实线轮廓。

③ 用同一程序加工凸模和凹模;

④ 用改变输入偏置值得方式,对零件进行清除加工余量。

## 2. 刀具长度补偿

### (1)长度补偿作用

长度补偿被广泛应用在加工中心或已知某工件加工刀具组中各种刀具长度偏差值的数控铣床上。编写加工程序时,先不考虑实际刀具的长度,按照标准刀具长度编程,如果实际刀具长度和标准刀具长度不一致,通过刀具长度补偿功能实现刀具长度差值的补偿。

### (2)长度补偿方法

方法一:事先通过机外对刀法测量出刀具长度,作为刀具长度补偿值(该值应为正),输入到对应的刀具补偿参数中。G54 中 Z 值的偏置值应设定为工件原点相对机床原点 Z 向坐标值(该值为负)。

方法二:将 G54 中 Z 值的偏置值设定为零,通过机内对刀测量出刀具 Z 轴返回机床原点时刀位点相对工件基准面的距离作为每把刀具长度补偿值。

方法三:将一把刀具作为基准刀,其长度补偿值为零,其他刀具的长度补偿值为与基准刀的长度差值(刀具预调仪)。先通过机内对刀法测量出轴返回原点时基准刀刀位点相对工件基准面的距离,并输入到 G54 中 Z 值的偏置参数中。

### (3)长度补偿的分类

① G43——刀具长度正补偿

格式:G43Hnn。补偿值必须在刀具长度偏置寄存器中设置。执行 G43 指令时,刀具移动的实际距离等于指令值加长度补偿值。在同一程序段中既有运动指令,又有刀具长度补偿指令时,首先执行刀具长度补偿,然后执行运动指令。

② G44——刀具长度负补偿

格式:G44Hnn。刀具移动的实际距离等于指令值减长度补偿值。

③ G49——取消刀具长度补偿。G49 指令必须与 G43 或 G44 指令成对使用。

# 【容易出现的问题】

## 1. 刀具半径补偿的使用要求

(1)机床通电后,为取消半径补偿状态。

(2)G40、G41、G42 不能和 G02、G03 一起使用,只能与 G00 或 G01 一起使用,且刀具必须要移动。

(3)在程序中用 G42 指令建立右刀补,铣削时对于工件将产生逆铣效果,故常用于粗铣;用 G41 指令建立左刀补,铣削时对于工件将产生顺铣效果,故常用于精铣。

(4)一般情况下,刀具半径补偿量应为正值,如果补偿值为负,则 G41 和 G42 正好相互替换。通常在模具加工中利用这一特点,可用同一程序加工同一公称尺寸的内外两个型面。

(5)在建立刀具半径补偿以后,不能出现连续两个程序段无选择补偿坐标平面的移动指令,否则数控系统因无法正确计算程序中刀具轨迹交点坐标,可能产生过切现象。在 G17坐标平面建立半径补偿后因连续移动二次 Z 轴,会出现过切现象。

（6）铣刀的直线移动量及铣削内侧圆弧的半径值要大于或等于刀具半径，否则补偿时会产生干涉，系统在执行相应程序段时将会产生报警。刀具半径大于加工沟槽宽度，刀具半径值大于加工内圆弧半径。

（7）半径补偿功能为续效代码，若加入 G28、G29、G92 指令，补偿状态暂时被取消，系统仍记忆着此补偿状态，执行下一程序段时，又自动恢复补偿状态。

（8）G40 指令将补偿状态取消，使铣刀的中心点回复到实际的坐标点上。即执行 G40 指令时，系统会将向左或向右的补偿值，往相反的方向释放，这时铣刀会移动一铣刀半径值。所以使用 G40 指令时铣刀远离工件。

### 2. 刀具半径补偿的应用

（1）编程时直接按工件轮廓尺寸编程。刀具在因磨损、重磨或更换后直径会发生改变，但不必修改程序，只需改变半径补偿参数；

（2）刀具半径补偿值不一定等于刀具半径值，同一加工程序，采用同一刀具可通过修改刀补实现对工件轮廓的粗、精加工；也可通过修改补偿值获得所需要的尺寸精度。

### 3. 长度补偿的使用要求

（1）机床通电后，为取消长度补偿状态。

（2）使用 G43 或 G44 时，只能有 Z 轴的移动，若有其他轴向的移动则会出现报警。

（3）G43、G44 为续效代码，取消刀长补偿，除用 G49 外，也可用 H00。

## 思 考 题

1. 在数控编程时，使用_____指令后，就可以按工件的轮廓尺寸进行编程，而不需按照_____来编程。

2. 刀补的过程有哪几步？

3. 刀补的用途有哪些？

4. 使用刀补有什么注意事项？

----

----

----

----

5. 铣凸台时，如果粗加工径测量后，刀具半径补偿应为 0.02mm，当补成了 —0.02mm，会发生什么现象？

----

----

----

----

# 实训指导6　孔类零件的加工

## 【实训目的/要求】

**实训目的:**(1)掌握零件外轮廓的铣削方法;(2)熟练掌握固定循环的用法和走刀路线;(3)熟练掌握通过修调刀具补偿值来使所加工零件符合图纸要求。

**实训要求:**(1)遵守安全操作规程;(2)按照老师要求的步骤操作;(3)加工过程中机床门必须保持关闭状态;(4)机床床面之上不得放置物品。

## 【实训器材】

本实训项目所需的主要设备、材料包括:FANUC 系统数控铣床、150mm×120mm×50mm 毛坯、立铣刀、钻头、丝锥、游标卡尺,应提前做好准备。

## 【实训原理及步骤】

1. 本实训项目所依据的理论基础及相关知识点如下图:

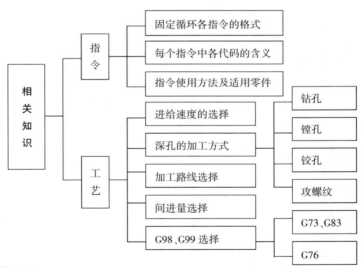

2. 主要操作步骤:

(1)打开压缩空气──→打开机床电源──→数控系统开关──→释放急停按钮;

(2)机床回参考点──→毛坯装夹找正;

(3)安装刀具──→对刀;

(4)输入程序──→试运行、试切削──→自动加工;

(5)清扫机床并保养──→把各轴移动到中间位置,保证机床精度;

(6)关机床,先按下急停按钮──→关闭数控系统电源──→关闭机床电源;

(7)关闭压缩空气;

(8)填写实训记录与实习报告。

## 【实训注意事项】

1. 在指定的时间和机床上完成本项目的实训操作,并按要求填写实训报告,按时上交该指导老师检查与评阅;

2. 严格执行《实训车间安全操作规程》和《数控铣床基本操作规程》;

3. 要点:

(1)使用固定循环钻孔和攻螺纹;

(2)R值一定在工件表面之外(G87除外);

(3)谨慎选择Q值;

(4)合理选择G98或G99;

(5)钻深孔时选择G73或G83,浅通孔选择G81,浅盲孔选择G82;

(6)L只在G91状态下才有意义。

## 【加工零件图】

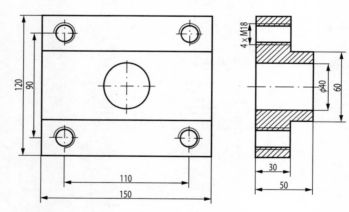

## 【实训所需知识点】

### 1. 固定循环常动作顺序组成

(1)X和Y轴定位;

(2)快速运行到R点;

(3)钻孔(或镗孔等);

(4)在孔底相应的动作;

(5)退回到R中;

(6)快速运行到初始点位置。

由图6-1所示,动作(1)A—B,是快速进给到X、Y指定的点。动作(2)为B—R,是快速趋近加工表面。动作(3)为R—E,是加工动作(如钻、镗、攻螺纹等)。动作(4)是在E点处执行一些相应动作(如暂定、主轴停、主轴反转等)。动作(5)是返回到R点或B点。

### 2. 定位平面及钻孔轴选择

平面选择指令G17,G18,G19决定了定位平面,其相应的钻孔轴分别平行于Z轴、Y轴和X轴。对于立式数控铣床,定位平面是XY平面,钻孔轴平行于Z轴。它与平面选择指令无关。

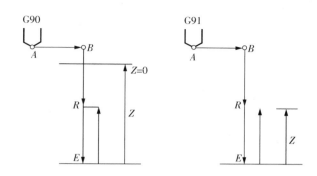

图 6-1 固定循环动作

### 3. 固定循环指令格式

G90　G09

G×× X_Y_Z_R_Q_P_F_L_

G91　G98

其中,G××为孔加工方式,对应于固定循环指令;X、Y 为孔位数据;Z、R、Q、P、F 为孔加工数据;L 为重复次数。

(1)孔加工方式孔加工方式对应的指令如表 6-1 所示。

表 6-1　孔加工指令

| G 代码 | 加工动作-Z | 在孔底部动作 | 回退动作+Z 方向 | 用　途 |
| --- | --- | --- | --- | --- |
| G73 | 间歇进给 |  | 快速进给 | 高速深孔钻 |
| G74 | 切削进给 | 主轴正转 | 切削进给 | 反转攻螺纹 |
| G76 | 切削进给 |  | 快速进给 | 精镗循环(第二组固定循环) |
| C80 |  |  |  | 取消固定循环 |
| G81 | 切削进给 |  | 快速进给 | 钻循环(定点钻) |
| G82 | 切削进给 | 暂停 | 快速进给 | 钻循环(锪钻) |
| G83 | 切削进给 |  | 快速进给 | 深孔 |
| G84 | 切削进给 | 主轴反转 | 切削进给 | 攻螺纹 |
| G85 | 切削进给 |  | 切削进给 | 镗循环 |
| G86 | 切削进给 | 主轴停止 | 切削进给 | 镗循环 |
| G87 | 切削进给 | 主轴停止 | 手动或快速运行 | 镗循环(反镗) |
| G88 | 切削进给 | 暂停、主轴停止 | 手动或快速运行 | 镗循环 |
| G89 | 切削进给 | 暂停 | 切削进给 | 镗循环 |

(2)孔位数据 X、Y。刀具以快速进给的方式到达(X、Y)点。

(3)返回点平面选择 G98。返回初始平面 B 点,G99 指令返回到 R 平面,如图 6-2

所示。

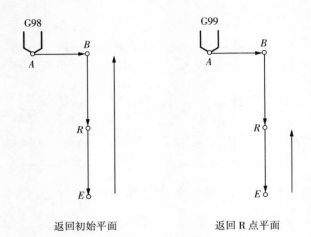

返回初始平面　　　　　　　　　　返回 R 点平面

图 6-2　返回点平面选择

(4)孔加工数据 Z：在 G90 时，Z 值为孔底的绝对值。在 G91 时，Z 是 R 平面到孔底的距离，从 R 平面到孔底是按 F 代码所指定的速度进给。如图 6-3 所示。

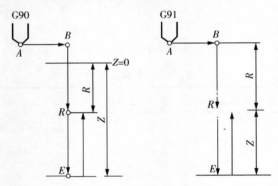

图 6-3　孔加工数据

R：在 G91 时，R 值为从初始平面(B)到 R 点的增量。在 G90 时，其值为绝对坐标值。此段动作是快速进给。

Q：在 G73、G83 方式，规定每次加工的深度，及在 G76、G87 方式规定的移动值。

P：规定在孔底的暂停时间，用整数表示，以 ms 为单位。

F：进给速度，以 mm/min 为单位。

L：重复次数，用 L 的值来规定固定循环的重复次数，执行一次可不写 L1，如果 L0 则系统存贮加工数据，但不执行加工。

上述孔加工数据，不一定全部都写，根据需要可省去若干地址和数据。

固定循环指令是模态指令，指定后，一直保持有效，直到用 G80 撤销为止。此外，G00、G01、G02、G03 也起撤销固定循环指令的作用。

**4. 各种孔加工方式说明**

(1)G73 高速深孔钻削。G73 用于深孔钻削，每次背吃刀量为 q(用增量表示，根据具体情况由编程者给值)。退刀距离为 d，d 是 NC 系统内部设定的。到达 E 点的最后一次进刀进刀若干个 q 之后的剩余量,它小于或等于 q。G73 指令是在钻孔时间段进给,有利于断屑、排屑,适用于深孔加工,如图 6-4 所示。

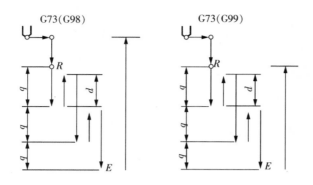

图 6-4　G73 动作轨迹

(2)G74 左旋攻螺纹,如图 6-5 所示。主轴在 R 点反转直至正点后,正转返回。

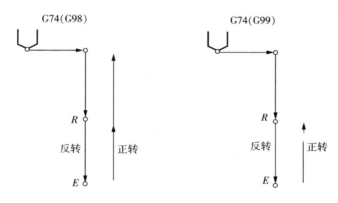

图 6-5　G74 动作轨迹

(3)G76 精镗,如图 6-6 所示,图中 OSS 表示主轴定向停止。

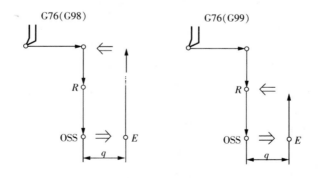

图 6-6　G76 动作轨迹

在孔底,主轴停止在定向位置上,然后使刀头作离开加工面的偏移之后拔出,这样可以高精度、高效率地完成孔加工而不损伤工件表面。刀具的偏移量由地址 Q 来规定,Q 总是正数(负号不起作用),移动的方向由参数设定。

Q值在固定循环方式期间是模态,在 G73、G83 指令中作背吃刀量值使用。

(4)G81 钻孔循环、定点钻如图 6-7 所示。

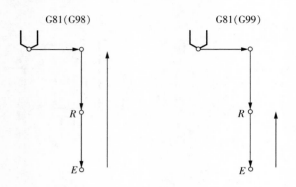

图 6-7 G81 动作轨迹

(5)G82 钻孔、镗孔。该指令使刀具在孔底暂停,暂停时间用户来指定,如图 6-8 所示。

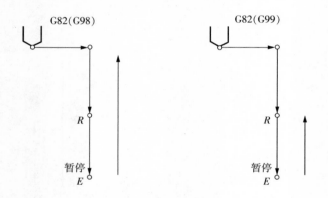

图 6-8 G82 动作轨迹

(6)G83 深孔钻削。其中 q 和 d 与 G73 相同。G83 和 G73 的区别是:G83 指令在每次进刀 q 距离后返回 R 点,这样对深孔钻削时排屑有利,路线如图 6-9 所示。

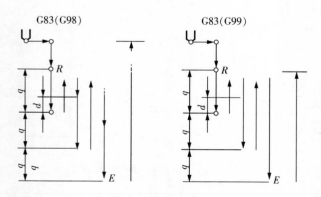

图 6-9 G83 动作轨迹

(7)G84 右旋攻螺纹 G84 指令和 G74 指令中的主轴旋向相反,其他均与 G74 指令相同。

（8）C85 镗孔如图 6-10 所示。

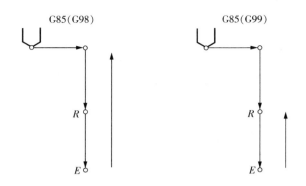

图 6-10　C85 动作轨迹

（9）G86 镗孔，如图 6-11 所示，该指令在 E 点使主轴停止，然后快速返回原点或 R 点。

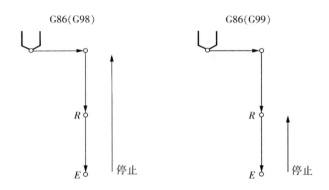

图 6-11　G86 动作轨迹

（10）G87 镗孔/反镗。固定循环 1 如图 6-12 所示，刀具到达孔底后主轴停止，进入进给保持状态，可用手动方式移动。为了再启动加工，应转换到存贮方式，按 START 键，刀具返回原点（G98）或 R 点（G99）后主轴启动，继续下一段程序。

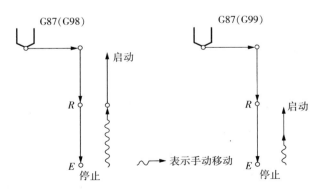

图 6-12　G87 固定循环 1

固定循环 2 如图 6-13 所示。X、Y 轴定位后,主轴准停,刀具以反刀尖的方向偏移,并快速定位在孔底(R 点)。顺时针启动主轴,刀具按原偏移量返回,在 Z 轴方向上一直加工到 E 点。在这个位置,主轴再次准停后刀具按原偏移量退回,并向孔的上方移出,然后返回原点并按原偏移量返回,主轴正转,继续执行下一段程序。

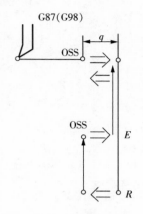

图 6-13  G87 固定循环 2

(11)G88 镗孔。如图 6-14 所示。

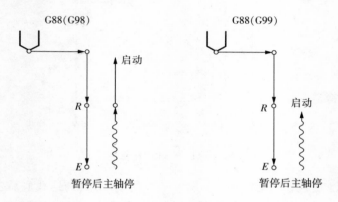

图 6-14  G88 动作轨迹

(12)G89 镗孔。如图 6-15 所示。

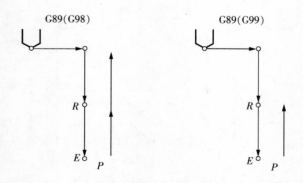

图 6-15  G89 动作轨迹

## 5. 重复固定循环

可用地址 L 规定重复次数。例如可用来加工等距孔，L 最大值为 9999，L 只在其存在的程序段中有效。

## 6. 固定循环注意事项

(1)指定固定循环前，必须用 M 代码规定主轴转动；

(2)其程序段必须有 X、Y、Z 轴(包括 R)的位置数据，否则不执行固定循环；

(3)撤消固定循环指令除 G80 外，G00、G01、G02、G03 也能起撤消作用；

(4)在固定循环方式，刀具偏移指令(G45—G48)不起作用；

(5)固定循环方式，G43、G44 仍起刀具长度补偿作用。

# 思 考 题

1. 简述数控铣床固定循环的各个动作过程。

2. 简述数控铣床固定循环指令，并指出各指令的含义。

3. 固定循环钻孔指令有哪些？ 它们有什么区别？

4. 铣孔时的注意事项有哪些？

5. 对孔进行精镗用什么指令? 试简单描述其动作。

6. 主轴准停在数控机床上的应用有哪些?

# 实训指导 7  旋转零件的加工

## 【实训目的/要求】

实训目的:(1)掌握零件内轮廓的铣削方法;(2)熟练掌握加工具有旋转部分的零件;(3)熟练掌握子程序的使用。

实训要求:(1)熟练掌握通过修调刀具补偿值,使加工零件符合图纸要求;(2)遵守安全操作规程,按照老师要求的步骤操作;(3)精确测量已加工零件。

## 【实训器材】

本实训项目所需的主要设备、材料包括:FANUC系统数控铣床、100mm×100mm×15mm毛坯、立铣刀、钻头、游标卡尺,应提前做好准备。

## 【实训原理及步骤】

1. 本实训项目所依据的理论基础及相关知识点如下图:

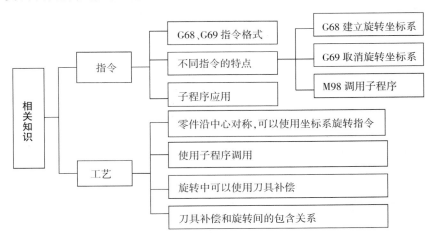

2. 主要操作步骤:

(1)打开压缩空气──→打开机床电源──→数控系统开关──→释放急停按钮;

(2)机床回参考点──→毛坯装夹找正;

(3)安装刀具──→对刀;

(4)输入程序──→试运行、试切削──→自动加工;

(5)清扫机床并保养──→把各轴移动到中间位置,保证机床精度;

(6)关机床,先按下急停按钮──→关闭数控系统电源──→关闭机床电源;

(7)关闭压缩空气;

(8)填写实训记录与实习报告。

## 【实训注意事项】

(1)在铣削内轮廓之前,先应确定该轮廓上最小轮廓半径。以便正确选择合理选择刀具;

(2)在加工内轮廓时仍然要沿用切向切入和切向切出的原则进行编程。这就需要合理规划切向切入圆弧的半径;

(3)加工过程中机床门必须保持关闭状态,避免意外事故的发生;

(4)测量机具应放置在安全的地方,机床床面上不得放无关的东西;

(5)要点:

① 旋转中心的坐标值(是 X、Y、Z 中的两个,由平面选择)。当 X、Y 省略时,G68 指令认为当前的位置即为旋转中心;

② 旋转角度,逆时针旋转为正方向,顺时针旋转为负方向。当程序在绝对方式下,G68 程序段后的第一个程序段须使用绝对方式移动指令,才能确定旋转中心。如这一程序段为增量方式移动指令,那么系统将以当前位置为旋转中心,按给定的角度旋转坐标;

③ 坐标系旋转功能内,可以包含刀补功能。

## 【加工零件图】

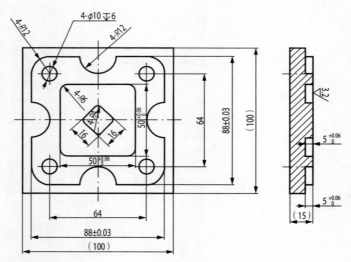

## 【实训所需知识点】

### 1. 子程序

(1)子程序的编程格式

O×××××(P××××或%×××××)

……

M99(或 RET)

(2)子程序的调用格式

M98  P△△△××××或 M98  P××××  L××。

P 后面的前三位为重复调用次数,省略时为调用一次,后四位为子程序号。

P 后四位为子程序号;L 后为重复调用次数,省略时为调用一次。

**(3)M99——子程序结束指令**

说明:

① 子程序必须在主程序结束指令后建立;

② 子程序的内容与一般程序编制方法相同;

③ M99 为子程序结束,并返回主程序,必须在子程序的最后。

## 2. 坐标系旋转

使编程图形按指定旋转中心及旋转方向旋转一定的角度,G68 表示开始坐标系旋转,G69 用于撤销旋转功能。

(1)基本编程方法

编程格式:G68X~　Y~　R~　;

　　　　　G69;

式中:X、Y——旋转中心(X、Y、Z 中的任意两个,由当前平面选择确定)。当 X、Y 省略时,G68 指令认为当前的位置即为旋转中心。

R——旋转角度,逆时针旋转为正,顺时针旋转为负。

(2)坐标系旋转与半径补偿的关系。旋转平面一定要包含在刀具半径补偿平面内。

(3)与比例编程方式的关系。在比例模式时,再执行坐标旋转指令,旋转中心坐标也执行比例操作,但旋转角度不受影响,这时各指令的排列顺序如下:

G51......

G68......

G41/G42......

G40......

G69......

G50......

## 3. 极坐标编程

(1)G15——取消极坐标系指令

(2)G16——建立极坐标系指令

说明:①极坐标平面选择用 G17、G18、G19 指定;

② 指定 G17 时,+X 轴为极轴,程序中坐标字 X 指令极径,Y 指令极角;

③ 指定 G18 时,+Z 轴为极轴,程序中坐标字 Z 指令极径,X 指令极角;

④ 指定 G19 时,+Y 轴为极轴,程序中坐标字 Y 指令极径,Z 指令极角。

## 思 考 题

1. 坐标系旋转的旋转中心一定是指令指定的吗?

........................................................................................................................

........................................................................................................................

2. 如何确定旋转中心?

3. 指出坐标系旋转中如何使用子程序?

# 实训指导 8　缩放类零件的加工

## 【实训目的/要求】

实训目的:(1)在教师的指导下完成阶梯状零件;(2)使用坐标缩放指令 G50/G51;(3)训练使用子程序;(4)掌握零件外轮廓的铣削方法。

实训要求:(1)熟练掌握通过修调刀具补偿值,使加工零件符合图纸要求;(2)遵守安全操作规程,按照老师要求的步骤操作;(3)精确测量已加工零件。

## 【实训器材】

本实训项目所需的主要设备、材料包括:FANUC 系统数控铣床、φ60mm×35mm 毛坯、立铣刀、游标卡尺、千分尺,应提前做好准备。

## 【实训原理及步骤】

1. 本实训项目所依据的理论基础及相关知识点如下图:

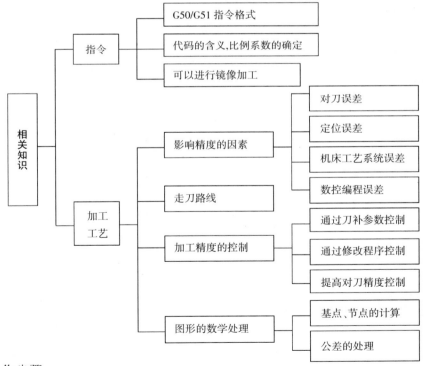

2. 操作步骤:

(1)打开压缩空气——打开机床电源——数控系统开关——释放急停按钮;

(2)机床回参考点——毛坯装夹找正;

(3)安装刀具——对刀;

(4)输入程序——试运行、试切削——自动加工;

(5)清扫机床并保养——→把各轴移动到中间位置,保证机床精度;

(6)关机床,先按下急停按钮——→关闭数控系统电源——→关闭机床电源;

(7)关闭压缩空气;

(8)填写实训记录与实习报告。

## 【实训注意事项】

(1)铣削加工刀具多为高速钢,材料红硬性差,加工中铣刀必须时刻处于冷却液中;

(2)刀具接近工件进行加工时,操作者应集中精力,观察刀尖运动情况,右手修调开关,控制机床速率,发现问题及时按下停止按钮;

(3)加工过程中机床门必须保持关闭状态,避免意外事故的发生;

(4)测量机具应放置在安全的地方,机床床面上不得放无关的东西;

(5)要点:

① 比例系数。比例系数的范围为:0.001～999.999;

② I、J、K——对应 X、Y、Z 轴的比例系数,在±0.001～±9.999 范围内;

③ 比例系数为负值时,为镜像功能;

④ 设定比例方式参数。选择 MDI 方式;按下 PARAM DCNOS 按钮,进入设置页面。

其中:PEVX——为设定 X 轴镜像,当 PEVX 置"1''时,X 轴镜像有效;当 PEV X 置"0"时,X 轴镜像无效。

PEVY——为设定 Y 轴镜像,当 PEVY 置"1"时,Y 轴镜像有效;当 PEVY 置"0"时,Y 轴镜像无效。

## 【加工零件图】

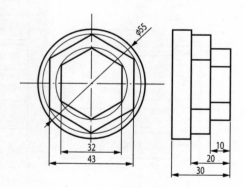

## 【实训所需知识点】

### 1. 各轴按相同比例编程

格式:G51X～Y～Z～P～

  G50

式中:X、Y、Z——比例中心坐标(绝对方式);

P——比例系数。比例系数的范围为:0.001～999.999。该指令以后的移动指令,从比例中心点开始,实际移动量为原数值的 P 倍。P 值对偏移量无影响。

在图 8-1 中,P1～P4 为原编程图形,P1′～P4′为比例编程后的图形,P0 为比例中心。

### 2. 各轴以不同比例编程

各个轴可按不同比例来缩小或放大,当给定的比例系数为－1时,可获得镜像加工功能。

格式:G51X～Y～Z～I～J～K～

　　　　G50

式中:X、Y、Z——比例中心坐标;

I、J、K——对应 X、Y、Z 轴的比例系数,在±0.001～±9.999 范围内。

本系统设定 I、J、K 不能带小数点,比例为1时,应输入1000,并在程序中都应输入,不能省略。比例系数与图形的关系如图 8-2 所示。其中:b/a:X 轴系数;d/c:Y 轴系数;O:比例中心。

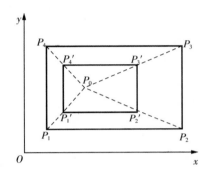

图 8-1　各轴按相同比例编程

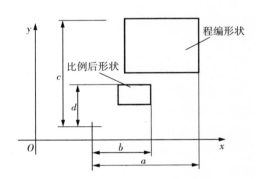

图 8-2　各轴以不同比例编程

### 3. 镜像功能

在各轴以不同比例缩放时,若某一轴的缩放比例是负值,那么这一轴就会镜像。

## 思 考 题

1. 缩放功能指令是_____。

2. 缩放功能使用在什么情况下?

3. 缩放功能和刀补、缩放功能如何配合使用?

4. 如何利用缩放功能实现镜像？

# 实训指导 9　椭圆凸台外轮廓零件的加工

## 【实训目的/要求】

实训目的:(1)在教师的指导下完成椭圆凸台的加工;(2)掌握编程要点,B 类宏程序的应用;(3)掌握零件外轮廓的铣削方法。

实训要求:(1)熟练掌握通过修调刀具补偿值,使加工零件符合图纸要求;(2)遵守安全操作规程,按照老师要求的步骤操作;(3)精确测量已加工零件。

## 【实训器材】

本实训项目所需的主要设备、材料包括:FANUC 系统数控铣床、100mm×70mm×15mm 毛坯、立铣刀、游标卡尺、千分尺,应提前做好准备。

## 【实训原理及步骤】

1. 本实训项目所依据的理论基础及相关知识点如下图:

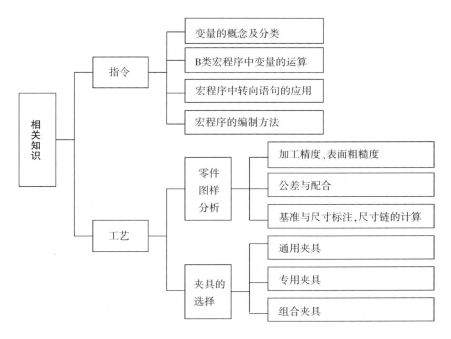

2. 主要操作步骤:

(1)打开压缩空气——→打开机床电源——→数控系统开关——→释放急停按钮;

(2)机床回参考点——→毛坯装夹找正;

(3)安装刀具——→对刀;

(4)输入程序——→试运行、试切削——→自动加工;

(5)清扫机床并保养——→把各轴移动到中间位置,保证机床精度;

(6)关机床,先按下急停按钮——→关闭数控系统电源——→关闭机床电源;

(7)关闭压缩空气;

(8)填写实训记录与实习报告。

## 【实训注意事项】

(1)铣削加工刀具多为高速钢,材料红硬性差,加工中铣刀必须时刻处于冷却液中;

(2)刀具接近工件进行加工时,操作者应集中精力,观察刀尖运动情况,右手修调开关,控制机床速率,发现问题及时按下停止按钮;

(3)加工过程中机床门必须保持关闭状态,避免意外事故的发生;

(4)测量机具应放置在安全的地方,机床床面上不得放无关的东西;

(5)要点:

不同变量类型适用区域不同;各种运算符都有他定的表示方法。

## 【加工零件图】

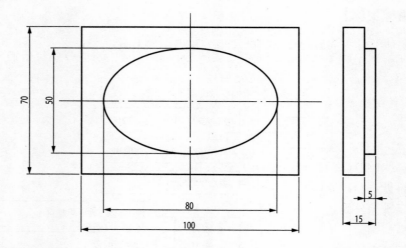

## 【实训所需知识点】

宏程序指的是用户编写的专用程序,它类似于子程序,可用规定的指令为代号,以便调用。宏程序允许使用变量、算术和逻辑运算及条件转移,使得编程更方便、更容易。

### 1. 变量

使用宏程序时,数值直接指定或用变量指定。当用变量时,用户可用程序或 MDI 面板上的操作来改变变量值。

#### (1)变量的表示

宏程序的变量是用符号"#"和变量号指定。例如:#1,#33 等,也可用于指定变量号,表达式须用中括号封闭。例如:#[#1+10]

#### (2)变量的引用

例如:G#130X#109;

其中,#130=1时,则 G#130 为 G01;

♯109＝100 时,则 X♯109 为 X100;

即常用的加工程序 G01X100 在宏程序中可表示为 G♯130　X♯109。

## 2. 指令要点

### (1)宏程序调用指令

1)G65 非模态宏程序调用指令

格式:G65P　L　＜自变量指定＞;

其中:P——指定被调用宏程序的程序号;

L——地址 L 后指定从 1 至 9999 的重复次数,次数为 1 时,字母 L 可省略不写;

＜自变量指定＞——数据传递到宏程序,其值被赋值到相应的局部变量。

2)G66 模态宏程序调用指令

格式:G66P　L　＜自变量指定＞;

其中:P——指定被调用宏程序的程序号;

L——从 1 至 9999 的重复次数,次数为 1 时,字母 L 可省略;

＜自变量指定＞——数据传递到宏程序,其值被赋值到相应的局部变量。

3)G67 取消模态宏程序调用

要取消模态宏程序调用,必须指定 G67 指令,在指定 G67 的程序段后面不再执行模态宏程序调用,而非模态各程序只在指定的程序段有效,也不需要用 G67 指令取消。

### (2)控制指令

1)无条件转移(GOTO 语句)

格式:GOTOn

含义:转移到标有顺序号 n 的程序段执行。

2)条件转移(1F 语句)

格式:IF[条件表达式]GOTOn

含义:

① 如果指定的条件表达式满足时,转移到标有顺序号 n 的程序段;

② 如果指定的条件表达式不满足时,执行下一个程序段;

③ 表达式中的运算符号的表示如下:

♯jEQ♯k,表示＝;　　　♯jNE♯k,表示≠;　　　♯jGT♯k,表示＞;

♯jGE♯k,表示≥;　　　♯jLT♯k,表示＜;　　　♯jLE♯k,表示≤。

### (3)循环指令(WHILE 语句)

格式:WHILE[条件表达式]DO1;

　　　END1;

含义:

① 如果指定的条件表达式满足时,执行 DO-END 内的程序段;

② 如果指定的条件表达式不满足时,执行 END 后的程序段;

③ 如果省略 WHILE[条件表达式],则无条件循环 DO-END 内程序;

④ 表达式中的运算符号同条件转移(IF 语句)。

# 思 考 题

1. 变量可以分为_____变量、_____变量、_____变量和_____变量。

2. 局部变量和公共变量的区别有哪些?

3. 宏程序的优点有哪些?

4. 在编程时如何设置变量?

5. 使用宏程序加工时有哪些注意事项?

# 实训指导 10　外轮廓倒角零件的加工

## 【实训目的/要求】

**实训目的**:(1)掌握使用宏程序倒角方法;(2)掌握子程序和宏程序调用方法。

**实训要求**:严格遵守安全操作规程,按照老师要求的步骤操作。

## 【实训器材】

本实训项目所需的主要设备、材料包括:FANUC 系统数控铣床、100mm×100mm×15mm 毛坯、立铣刀、游标卡尺、千分尺,应提前做好准备。

## 【实训原理及步骤】

1. 本实训项目所依据的理论基础及相关知识点如下图:

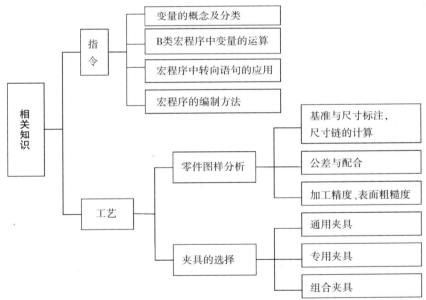

2. 主要操作步骤:

(1)打开压缩空气──➤打开机床电源──➤数控系统开关──➤释放急停按钮;

(2)机床回参考点──➤毛坯装夹找正;

(3)安装刀具──➤对刀;

(4)输入程序──➤试运行、试切削──➤自动加工;

(5)清扫机床并保养──➤把各轴移动到中间位置,保证机床精度;

(6)关机床,先按下急停按钮──➤关闭数控系统电源──➤关闭机床电源;

(7)关闭压缩空气;

(8)填写实训记录与实习报告。

## 【实训注意事项】

(1)在指定的时间和机床上完成本项目的实训操作,并按要求填写实训报告,按时上报指导教师检查与评阅;

(2)刀具接近工件进行加工时,操作者应集中精力,观察刀尖运动情况,右手修调开关,控制机床速率,发现问题及时按下停止按钮;

(3)加工过程中机床门必须保持关闭状态,避免意外事故的发生;

(4)测量机具应放置在安全的地方,机床床面上不得放无关的东西;

(5)要点:

① 调用于程序加工应注意,子程序编程必须要建立新的文件名,同时建立的文件名与主程序要调用的文件名一致;

② 注意数学关系如何应用到程序中;

③ 加工前一定要检查光标是否在主程序头开始加工,暂停加工时也必须返回主程序头开始运行,否则容易造成事故。

## 【加工零件图】

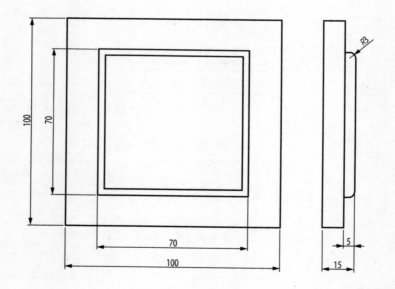

## 思 考 题

1. 在加工什么样的零件时用宏程序编程比较方便,简单?

.....................................................................................................................................

.....................................................................................................................................

.....................................................................................................................................

.....................................................................................................................................

2. 宏程序调用和子程序调用有什么区别？

3. 采用宏程序编程时，要考虑哪些因素？

# 实训指导 11　综合类零件的加工

## 【实训目的/要求】

**实训目的:**(1)掌握在程序编制过程中处理公差的方法;(2)掌握工件的装夹及找正的方法;(3)培养综合加工能力;(4)掌握对中等复杂程度的零件的工艺分析的一般过程。

**实训要求:**(1)完成各个轮廓加工程序得的编制;(2)遵守安全操作规程,按照老师要求的步骤操作;(3)加工轮廓刀具选择,及轮廓尺寸的测量。

## 【实训器材】

本实训项目所需的主要设备、材料包括:FANUC 系统数控铣床、100mm×100mm×50mm 毛坯、立铣刀、游标卡尺、千分尺,应提前做好准备。

## 【实训原理及步骤】

1. 本实训项目所依据的理论基础及相关知识点如下图:

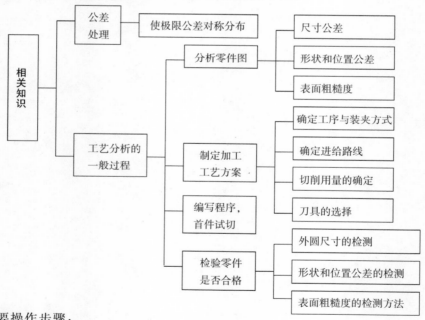

2. 主要操作步骤:

(1)打开压缩空气——→打开机床电源——→数控系统开关——→释放急停按钮;

(2)机床回参考点——→毛坯装夹找正;

(3)安装刀具——→对刀;

(4)输入程序——→试运行、试切削——→自动加工;

(5)清扫机床并保养——→把各轴移动到中间位置,保证机床精度;

(6)关机床,先按下急停按钮——→关闭数控系统电源——→关闭机床电源;

(7)关闭压缩空气;

（8）填写实训记录与实习报告。

## 【实训注意事项】

（1）在指定的时间和机床上完成本项目的实训操作，并按要求填写实训报告，按时上报指导教师检查与评阅；

（2）掌握利用刀具磨损补偿的方法来控制零件的尺寸与精度；

（3）要点：

1）保证零件的加工表面质量，应该采取以下措施：

① 工艺：数控车床所能达到的表面粗糙度一般在 Ra1.6～3.2。如果超过了 Ra1.6，在工艺上采取更为经济的磨削方法或其他精加工技术措施；

② 刀具：要根据零件材料和切削性能，正确选择刀具的类型和几何参数，特别是前角、后角和修光刃对提高表面加工质量有很大的作用；

③ 切削用量：在零件精加工时切削用量的选择是否合理直接影响表面加工质量，别是因为精加工余量已经很小，再精加工，尺寸超差的危险。

2）工件在装夹时若工件轴线与主轴轴线不重合，容易产生锥度误差；

3）加工时 Z 向精度很容易超差，要提高对刀精度，还可以通过磨耗来补偿。

## 【加工零件图】

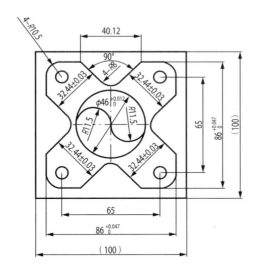 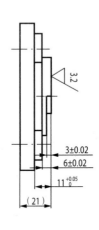

## 思 考 题

1. 相对于计算机发出的每一个指令脉冲，机床运动部件产生一个基准位移量，称为_____。

2. 简述刀具的锋利程度对产品精度有哪些影响？

3. 编程时如何处理尺寸公差？试举例说明

4. 在调头加工后如何才能保证同轴度要求？

5. 保证数控机床加工精度的因素有哪些？

6. 在反装后如何才能保证两侧的对称度要求？

# 实训指导 12  考工实训

## 【实训目的/要求】

实训目的:(1)有选择的完成零件的加工;(2)熟练掌握工件的装夹及找正的方法;(3)合理利用刀具磨损补偿的方法来控制零件的尺寸与精度。

实训要求:严格遵守安全操作规程,按照图纸要求的加工合格零件。

## 【实训器材】

本实训项目所需的主要设备、材料包括:数控铣床、毛坯、立铣刀、球头铣刀、面铣刀、环铣刀、游标卡尺、千分尺、深度尺、螺纹塞规、应提前做好准备。

## 【实训原理及步骤】

本实训项目所依据的理论基础及相关知识点如下图:

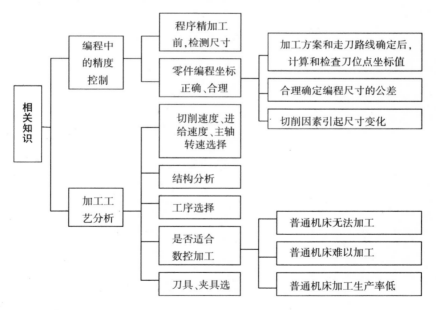

## 【实训重点、难点】

(1)在训练的同时,培养树立工艺设计基本思路,掌握刀具避让的原则;

(2)完成各部分加工零件的编制;

(3)加工轮廓刀具的选择,及粗精轮廓尺寸的测量;

(4)培养综合加工应用能力;

(5)顺逆铣削的变化,对工件的表面质量产生一定的影响,这就要求我们在加工后的质量检验时格外仔细,有必要的话采取特殊手段进行弥补;

（6）训练加工过程中会出现的机床故障，及应对措施；

（7）机床的保养与维护。

# 中级工篇

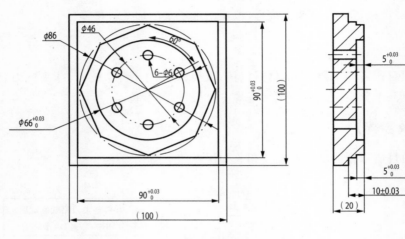

中级工实训图 1

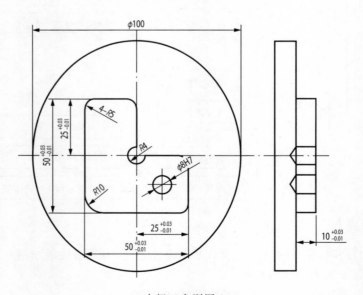

中级工实训图 2

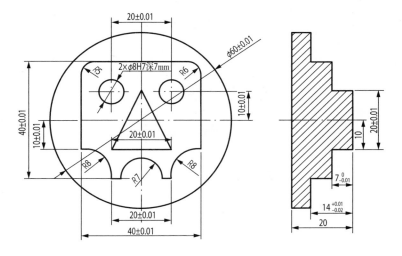

中级工实训图 3

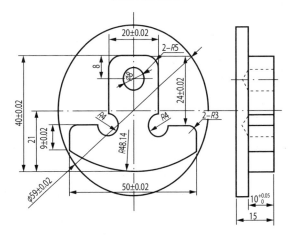

中级工实训图 4

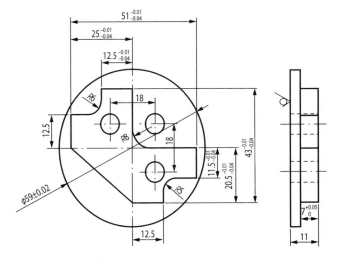

中级工实训图 5

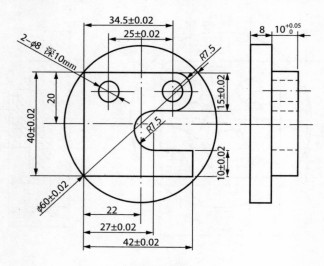

中级工实训图 6

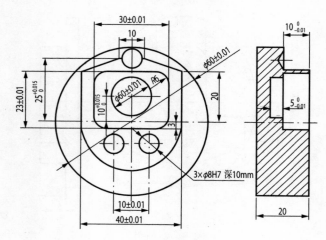

中级工实训图 7

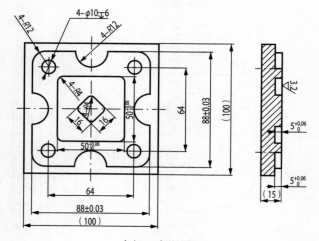

中级工实训图 8

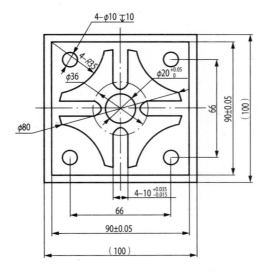
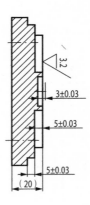

中级工实训图 9

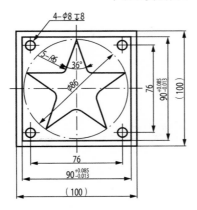
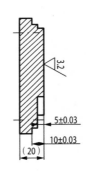

中级工实训图 10

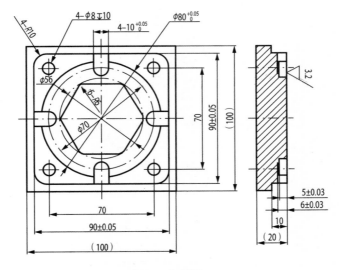

中级工实训图 11

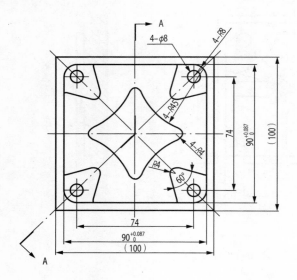
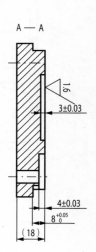

中级工实训图 12

# 高级工篇

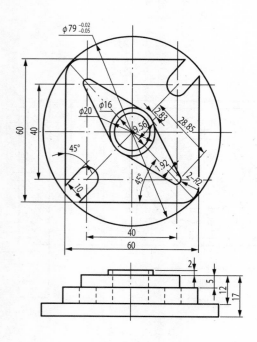

高级工实训图 1

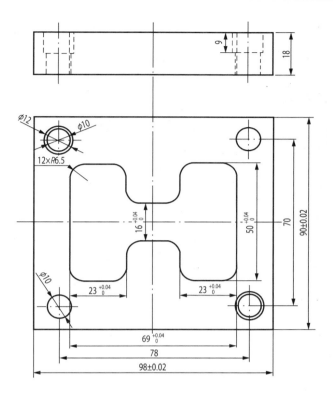

高级工实训图 2

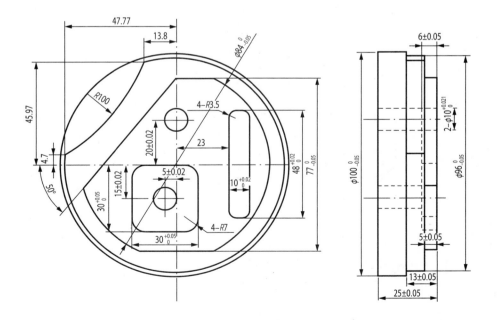

高级工实训图 3

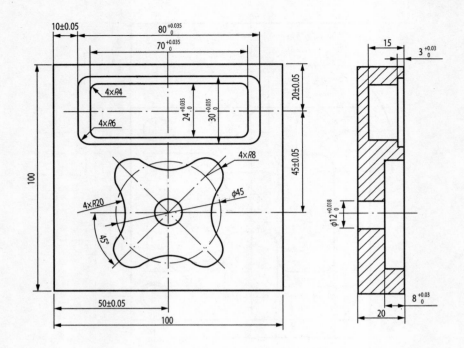

高级工实训图 4

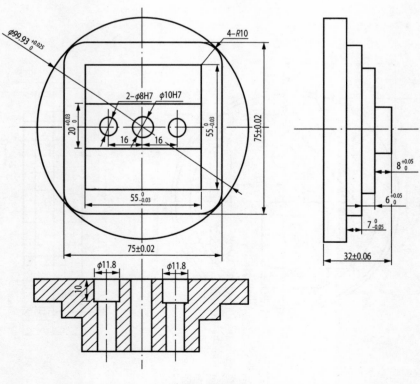

高级工实训图 5

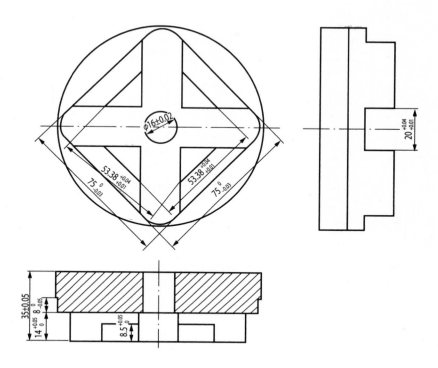

高级工实训图 6

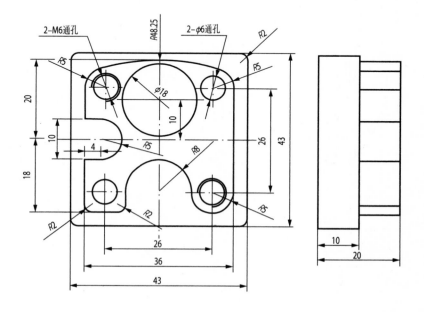

高级工实训图 7

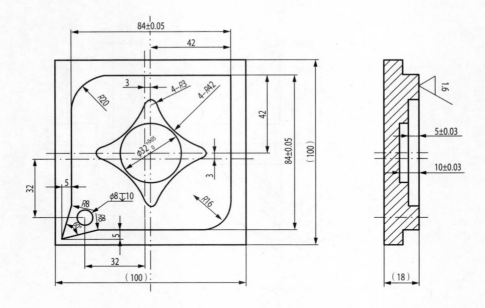

高级工实训图 8

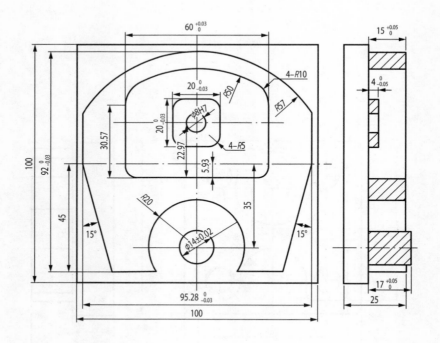

高级工实训图 9

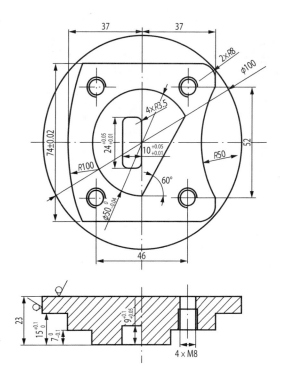

高级工实训图 10

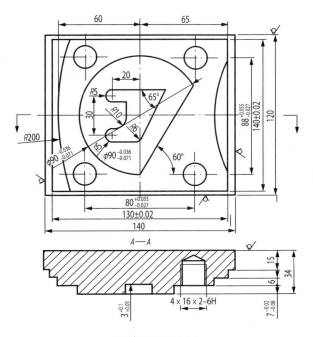

高级工实训图 11

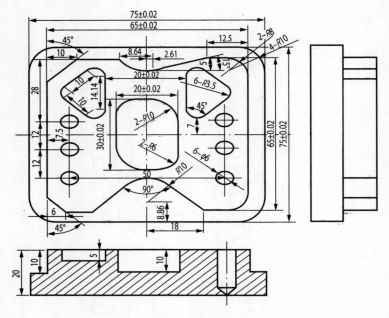

高级工实训图 12

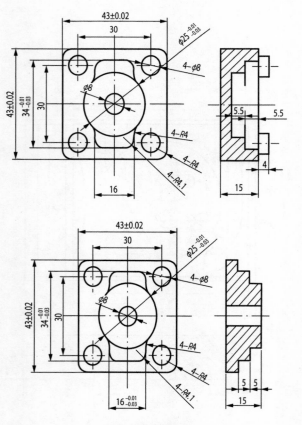

高级工实训图 13

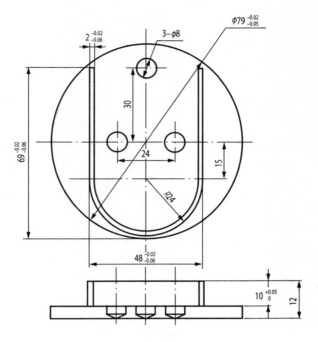

高级工实训图 14

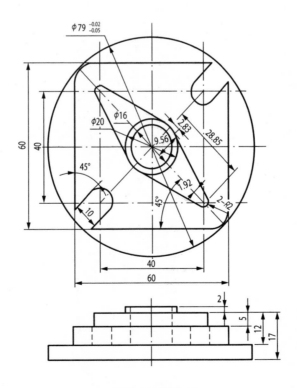

高级工实训图 15

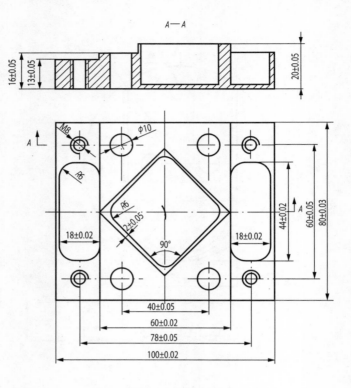

高级工实训图 16

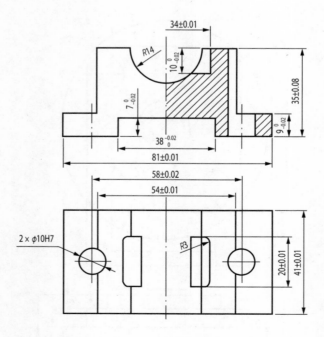

高级工实训图 17

# 实习报告篇

# 安全文明教育及机床保养维护

姓名 _____ 　　时间 _____

班级 _____ 　　地点 _____

学号（实习证号） _____ 　　指导教师 _____

---

### 指导教师批阅意见

［评语］



［成绩］

签名_____ 　　年 　月 　日

一、简述数控铣床、加工中心要求的工作环境

二、数控铣床、加工中心的维护与保养内容

三、结合实际,请给某数控铣床、加工中心制定一份维护安排表

## 实习心得

签名：　　　　　　　日期：

# 数控铣床、加工中心的开机实训

姓名 _____     时间 _____

班级 _____     地点 _____

学号（实习证号）_____     指导教师 _____

---

**指导教师批阅意见**

[评语]




[成绩]

签名 _____     年     月     日

# 一、数控铣床开机步骤

| 按　键 | 名　称 | 功　能 |
| --- | --- | --- |
| | | |
| | | |
| | | |
| | | |
| | | |
| | | |
| | | |
| | | |
| | | |
| | | |
| | | |
| | | |
| | | |
| | | |
| | | |
| | | |
| | | |
| | | |
| | | |
| | | |
| | | |
| | | |
| | | |
| | | |
| | | |

二、数控机床气动系统维护的要点是什么

三、数控机床液压系统常见故障的特征是什么

四、简述数控铣床、加工中心开机注意事项

## 实习心得

签名：　　　　　　日期：

## 实习报告 3

# 数控铣床、加工中心的基本操作

姓名 _____          时间 _____

班级 _____          地点 _____

学号（实习证号）_____          指导教师 _____

<table>
<tr><td colspan="2" align="center">指导教师批阅意见</td></tr>
<tr><td>［评语］</td><td></td></tr>
<tr><td>［成绩］</td><td></td></tr>
<tr><td colspan="2">签名_____        年    月    日</td></tr>
</table>

# 一、数控铣床面板名称及作用

| 按　键 | 名　称 | 功　能 |
| --- | --- | --- |
| | | |
| | | |
| | | |
| | | |
| | | |
| | | |
| | | |
| | | |
| | | |
| | | |
| | | |
| | | |
| | | |
| | | |
| | | |
| | | |
| | | |
| | | |
| | | |
| | | |
| | | |
| | | |

## 二、开机及关机步骤及注意事项？

## 三、回参考点方法、步骤及注意事项？

## 四、回参考点作用？

## 五、对刀方法、目的及步骤

　　1. 对刀方法：

　　2. 对刀目的：

　　3. 对刀步骤：

六、简述数控铣床常用的量具名称及用法

...................................................................................................
...................................................................................................
...................................................................................................

七、简述数控铣床刀具的种类

...................................................................................................
...................................................................................................
...................................................................................................

八、简述数控铣床刀具与工件的安装注意事项

...................................................................................................
...................................................................................................
...................................................................................................

实习心得

...................................................................................................
...................................................................................................
...................................................................................................
...................................................................................................
...................................................................................................
...................................................................................................
...................................................................................................
...................................................................................................

签名：　　　　　　　日期：

# 实习报告 4

## 平面类零件的加工练习

姓名 _____　　时间 _____

班级 _____　　地点 _____

学号（实习证号）_____　　指导教师 _____

### 指导教师批阅意见

[评语]




[成绩]

签名 _____　　　年　　月　　日

# 一、加工零件图

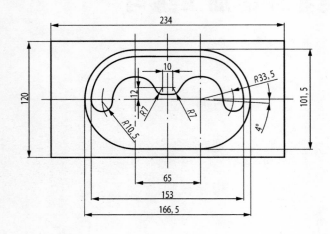

**技术要求:**
1. 未注倒角 C1。
2. 不允许使用砂布抛光。

# 二、零件图分析

1. 结构分析:

2. 尺寸精度分析:

3. 形状精度分析:

4. 表面粗糙度：..................................................................................

..................................................................................................

..................................................................................................

..................................................................................................

## 三、加工工艺分析

    1. 确定加工方案：............................................................................

..................................................................................................

..................................................................................................

..................................................................................................

    2. 确定装夹方案：............................................................................

..................................................................................................

..................................................................................................

..................................................................................................

    3. 确定刀具并填写数控刀具卡表：

### 数控加工刀具卡表

| 产品名称或代号 | 零件名称 | 数控加工刀具卡 | 零件图号 | | 程序编号 | 使用设备 |
|---|---|---|---|---|---|---|
| | 组合见加工 | | | | | |
| 序号 | 刀具号 | 刀具规格名称 | 刀具型号 | | 刀尖半径 | 加工表面 | 备注 |
| | | | 刀体 | 刀片 | | | |
| 1 | | | | | | | |
| 2 | | | | | | | |
| 3 | | | | | | | |
| 4 | | | | | | | |
| 编制 | | 审核 | | | 批注 | | 共 页 第 页 |

4. 切削用量：

........................................................................

........................................................................

........................................................................

........................................................................

5. 制定加工工艺，填写数控加工工序卡表：

### 数控加工工序卡表

| | 数控加工工序卡片 | 产品名称或代号 | 零件名称 | | 材料 | 零件图号 |
|---|---|---|---|---|---|---|
| | | | | | | |
| 工序号 | 程序编号 | 夹具编号 | 设备 | | 车间 | 备注 |
| | | | | | | |
| 工步号 | 工步内容 | 刀具号 | 刀具规格 | 主轴转速 | 进给速度 | 背吃刀量 | |
| 1 | | | | | | | |
| 2 | | | | | | | |
| 3 | | | | | | | |
| 4 | | | | | | | |
| 编制 | | 审核 | | 批注 | | 共 页<br>第 页 |

## 四、数值计算

........................................................................

........................................................................

........................................................................

........................................................................

........................................................................

# 五、编程加工程序表

**编程加工程序表**

| 程序 | 说明 |
|---|---|
|  |  |
|  |  |
|  |  |

# 六、程序校验、试切

# 七、自动运行加工

....................................................................................

....................................................................................

# 八、检查

....................................................................................

....................................................................................

## 实习心得

....................................................................................

....................................................................................

....................................................................................

....................................................................................

....................................................................................

....................................................................................

....................................................................................

....................................................................................

....................................................................................

....................................................................................

....................................................................................

....................................................................................

签名：　　　　　　日期：

# 实习报告5

## 刀具补偿功能练习

姓名 _____　　时间 _____

班级 _____　　地点 _____

学号（实习证号）_____　　指导教师 _____

---

### 指导教师批阅意见

［评语］

［成绩］

签名_____　　　年　　月　　日

# 一、加工零件图

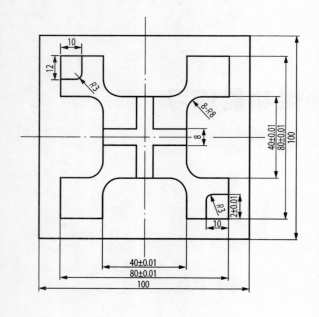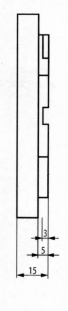

**技术要求:**

1. 未注倒角 C1。
2. 不允许使用砂布抛光。

# 二、零件图分析

    1. 结构分析:

    2. 尺寸精度分析:

    3. 形状精度分析:

4. 表面粗糙度：

## 三、加工工艺分析

1. 确定加工方案：

2. 确定装夹方案：

3. 确定刀具并填写数控刀具卡表：

### 数控加工刀具卡表

| 产品名称<br>或代号 | 零件<br>名称 | 数控加工<br>刀具卡 | 零件图号 | | 程序编号 | 使用设备 | |
|---|---|---|---|---|---|---|---|
| | 组合<br>见加工 | | | | | | |
| 序号 | 刀具号 | 刀具规格<br>名称 | 刀具型号 | | 刀尖半径 | 加工<br>表面 | 备注 |
| | | | 刀体 | 刀片 | | | |
| 1 | | | | | | | |
| 2 | | | | | | | |
| 3 | | | | | | | |
| 4 | | | | | | | |
| 编制 | | 审核 | | | 批注 | | 共 页<br>第 页 |

4. 切削用量：

5. 制定加工工艺，填写数控加工工序卡表：

### 数控加工工序卡表

| | 数控加工工序卡片 | 产品名称或代号 | 零件名称 | | 材料 | | 零件图号 |
|---|---|---|---|---|---|---|---|
| | | | | | | | |
| 工序号 | 程序编号 | 夹具编号 | 设备 | | 车间 | | 备注 |
| | | | | | | | |
| 工步号 | 工步内容 | 刀具号 | 刀具规格 | 主轴转速 | 进给速度 | 背吃刀量 | |
| 1 | | | | | | | |
| 2 | | | | | | | |
| 3 | | | | | | | |
| 4 | | | | | | | |
| 编制 | | 审核 | | 批注 | | 共 页第 页 | |

## 四、数值计算

## 五、编程加工程序表

### 编程加工程序表

| 程序 | 说明 |
|------|------|
|      |      |
|      |      |
|      |      |

## 六、程序校验、试切

## 七、自动运行加工

八、检查

---

実习心得

---

签名：　　　　　　日期：

# 实习报告6

## 孔类零件的加工练习

姓名 _____　　时间 _____

班级 _____　　地点 _____

学号（实习证号） _____　　指导教师 _____

### 指导教师批阅意见

[评语]




[成绩]

签名_____　　　年　　月　　日

# 一、加工零件图

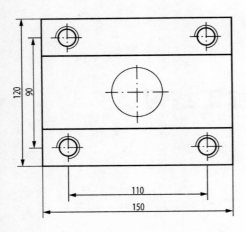 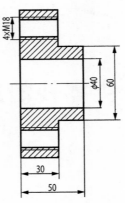

**技术要求：**

1. 未注倒角 C1。
2. 不允许使用砂布
   抛光。

# 二、零件图分析

    1. 结构分析：⋯⋯⋯⋯⋯⋯⋯⋯⋯⋯⋯⋯⋯⋯⋯⋯⋯⋯⋯⋯⋯⋯⋯⋯⋯⋯⋯

⋯⋯⋯⋯⋯⋯⋯⋯⋯⋯⋯⋯⋯⋯⋯⋯⋯⋯⋯⋯⋯⋯⋯⋯⋯⋯⋯⋯⋯⋯⋯⋯⋯⋯⋯⋯⋯⋯⋯⋯⋯⋯

⋯⋯⋯⋯⋯⋯⋯⋯⋯⋯⋯⋯⋯⋯⋯⋯⋯⋯⋯⋯⋯⋯⋯⋯⋯⋯⋯⋯⋯⋯⋯⋯⋯⋯⋯⋯⋯⋯⋯⋯⋯⋯

⋯⋯⋯⋯⋯⋯⋯⋯⋯⋯⋯⋯⋯⋯⋯⋯⋯⋯⋯⋯⋯⋯⋯⋯⋯⋯⋯⋯⋯⋯⋯⋯⋯⋯⋯⋯⋯⋯⋯⋯⋯⋯

    2. 尺寸精度分析：⋯⋯⋯⋯⋯⋯⋯⋯⋯⋯⋯⋯⋯⋯⋯⋯⋯⋯⋯⋯⋯⋯⋯⋯⋯⋯⋯

⋯⋯⋯⋯⋯⋯⋯⋯⋯⋯⋯⋯⋯⋯⋯⋯⋯⋯⋯⋯⋯⋯⋯⋯⋯⋯⋯⋯⋯⋯⋯⋯⋯⋯⋯⋯⋯⋯⋯⋯⋯⋯

⋯⋯⋯⋯⋯⋯⋯⋯⋯⋯⋯⋯⋯⋯⋯⋯⋯⋯⋯⋯⋯⋯⋯⋯⋯⋯⋯⋯⋯⋯⋯⋯⋯⋯⋯⋯⋯⋯⋯⋯⋯⋯

⋯⋯⋯⋯⋯⋯⋯⋯⋯⋯⋯⋯⋯⋯⋯⋯⋯⋯⋯⋯⋯⋯⋯⋯⋯⋯⋯⋯⋯⋯⋯⋯⋯⋯⋯⋯⋯⋯⋯⋯⋯⋯

    3. 形状精度分析：⋯⋯⋯⋯⋯⋯⋯⋯⋯⋯⋯⋯⋯⋯⋯⋯⋯⋯⋯⋯⋯⋯⋯⋯⋯⋯⋯

⋯⋯⋯⋯⋯⋯⋯⋯⋯⋯⋯⋯⋯⋯⋯⋯⋯⋯⋯⋯⋯⋯⋯⋯⋯⋯⋯⋯⋯⋯⋯⋯⋯⋯⋯⋯⋯⋯⋯⋯⋯⋯

⋯⋯⋯⋯⋯⋯⋯⋯⋯⋯⋯⋯⋯⋯⋯⋯⋯⋯⋯⋯⋯⋯⋯⋯⋯⋯⋯⋯⋯⋯⋯⋯⋯⋯⋯⋯⋯⋯⋯⋯⋯⋯

    4. 表面粗糙度：⋯⋯⋯⋯⋯⋯⋯⋯⋯⋯⋯⋯⋯⋯⋯⋯⋯⋯⋯⋯⋯⋯⋯⋯⋯⋯⋯⋯

⋯⋯⋯⋯⋯⋯⋯⋯⋯⋯⋯⋯⋯⋯⋯⋯⋯⋯⋯⋯⋯⋯⋯⋯⋯⋯⋯⋯⋯⋯⋯⋯⋯⋯⋯⋯⋯⋯⋯⋯⋯⋯

⋯⋯⋯⋯⋯⋯⋯⋯⋯⋯⋯⋯⋯⋯⋯⋯⋯⋯⋯⋯⋯⋯⋯⋯⋯⋯⋯⋯⋯⋯⋯⋯⋯⋯⋯⋯⋯⋯⋯⋯⋯⋯

# 三、加工工艺分析

### 1. 确定加工方案：

### 2. 确定装夹方案：

### 3. 确定刀具并填写数控刀具卡表：

**数控加工刀具卡表**

| 产品名称或代号 | 零件名称 | 数控加工刀具卡 | 零件图号 | | 程序编号 | 使用设备 |
|---|---|---|---|---|---|---|
| | 组合见加工 | | | | | |
| 序号 | 刀具号 | 刀具规格名称 | 刀具型号 | | 刀尖半径 | 加工表面 | 备注 |
| | | | 刀体 | 刀片 | | | |
| 1 | | | | | | | |
| 2 | | | | | | | |
| 3 | | | | | | | |
| 4 | | | | | | | |
| 编制 | | 审核 | | | 批注 | | 共 页 第 页 |

4. 切削用量: ......................................................................

..............................................................................................

..............................................................................................

..............................................................................................

..............................................................................................

5. 制定加工工艺,填写数控加工工序卡表:

### 数控加工工序卡表

| | 数控加工<br>工序卡片 | 产品名称<br>或代号 | 零件名称 | | 材料 | 零件图号 |
|---|---|---|---|---|---|---|
| | | | | | | |
| 工序号 | 程序编号 | 夹具编号 | 设备 | | 车间 | 备注 |
| | | | | | | |
| 工步号 | 工步内容 | 刀具号 | 刀具<br>规格 | 主轴转速 | 进给<br>速度 | 背吃<br>刀量 | |
| 1 | | | | | | | |
| 2 | | | | | | | |
| 3 | | | | | | | |
| 4 | | | | | | | |
| 编制 | | 审核 | | 批注 | | 共　页<br>第　页 |

## 四、数值计算

..............................................................................................

..............................................................................................

..............................................................................................

..............................................................................................

## 五、编程加工程序表

| 程序 | 说明 |
|---|---|
|  |  |
|  |  |
|  |  |

## 六、程序校验、试切

## 七、自动运行加工

# 八、检查

........................................................................

........................................................................

## 实习心得

........................................................................

........................................................................

........................................................................

........................................................................

........................................................................

........................................................................

........................................................................

........................................................................

........................................................................

........................................................................

........................................................................

........................................................................

........................................................................

........................................................................

........................................................................

签名：　　　　　　日　期：

# 实习报告 7

## 旋转零件的加工练习

姓名 _____　　时间 _____

班级 _____　　地点 _____

学号（实习证号）_____　　指导教师 _____

---

### 指导教师批阅意见

[评语]




[成绩]

签名_____　　　年　　月　　日

# 一、加工零件图

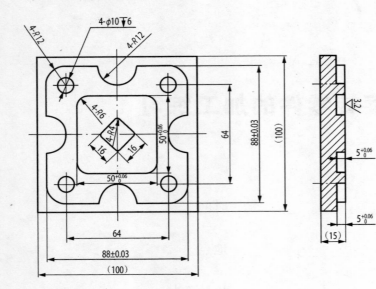

**技术要求：**
1. 未注倒角 C1。
2. 不允许使用
   锉刀抛光。

# 二、零件图分析

    1. 结构分析：

    2. 尺寸精度分析：

    3. 形状精度分析：

4. 表面粗糙度：

........................

........................

........................

## 三、加工工艺分析

1. 确定加工方案：

........................

........................

........................

........................

2. 确定装夹方案：

........................

........................

........................

........................

........................

3. 确定刀具并填写数控刀具卡表：

### 数控加工刀具卡表

| 产品名称或代号 | 零件名称 | 数控加工刀具卡 | 零件图号 | | 程序编号 | 使用设备 | |
|---|---|---|---|---|---|---|---|
| | 组合见加工 | | | | | | |
| 序号 | 刀具号 | 刀具规格名称 | 刀具型号 | | 刀尖半径 | 加工表面 | 备注 |
| | | | 刀体 | 刀片 | | | |
| 1 | | | | | | | |
| 2 | | | | | | | |
| 3 | | | | | | | |
| 4 | | | | | | | |
| 编制 | | 审核 | | | 批注 | | 共　页<br>第　页 |

4. 切削用量：........................................................................

........................................................................

........................................................................

........................................................................

5. 制定加工工艺，填写数控加工工序卡表：

### 数控加工工序卡表

| | 数控加工工序卡片 | 产品名称或代号 | 零件名称 | | 材料 | 零件图号 |
|---|---|---|---|---|---|---|
| 工序号 | | | | | | |
| | 程序编号 | 夹具编号 | 设备 | | 车间 | 备注 |
| | | | | | | |
| 工步号 | 工步内容 | 刀具号 | 刀具规格 | 主轴转速 | 进给速度 | 背吃刀量 | |
| 1 | | | | | | | |
| 2 | | | | | | | |
| 3 | | | | | | | |
| 4 | | | | | | | |
| 编制 | | 审核 | | 批注 | | 共 页第 页 | |

## 四、数值计算

........................................................................

........................................................................

........................................................................

........................................................................

........................................................................

## 五、编程加工程序表

**编程加工程序表**

| 程序 | 说明 |
|------|------|
|      |      |
|      |      |
|      |      |

## 六、程序校验、试切

# 七、自动运行加工

·····································································································
·····································································································
·····································································································

# 八、检查

·····································································································
·····································································································
·····································································································

## 实习心得

·····································································································
·····································································································
·····································································································
·····································································································
·····································································································
·····································································································
·····································································································
·····································································································
·····································································································
·····································································································
·····································································································

签名：　　　　　　日期：

## 实习报告 8

# 缩放类零件的加工练习

姓名 _____    时间 _____

班级 _____    地点 _____

学号（实习证号）_____    指导教师 _____

---

### 指导教师批阅意见

[评语]

[成绩]

签名_____    年    月    日

# 一、加工零件图

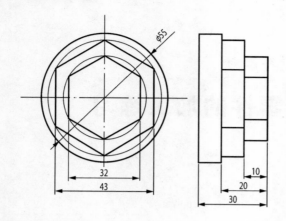

**技术要求：**
1. 未注倒角 C1。
2. 不允许使用砂布抛光。

# 二、零件图分析

1. 结构分析：

.............................................................................................

.............................................................................................

.............................................................................................

.............................................................................................

2. 尺寸精度分析：

.............................................................................................

.............................................................................................

.............................................................................................

.............................................................................................

.............................................................................................

3. 形状精度分析：

.............................................................................................

.............................................................................................

.............................................................................................

.............................................................................................

4. 表面粗糙度：

................................................................

................................................................

................................................................

................................................................

# 三、加工工艺分析

1. 确定加工方案：

................................................................

................................................................

................................................................

2. 确定装夹方案：

................................................................

................................................................

................................................................

3. 确定刀具并填写数控刀具卡表：

## 数控加工刀具卡表

| 产品名称或代号 | 零件名称 | 数控加工刀具卡 | 零件图号 | | 程序编号 | 使用设备 |
|---|---|---|---|---|---|---|
| | 组合见加工 | | | | | |
| 序号 | 刀具号 | 刀具规格名称 | 刀具型号 | | 刀尖半径 | 加工表面 | 备注 |
| | | | 刀体 | 刀片 | | | |
| 1 | | | | | | | |
| 2 | | | | | | | |
| 3 | | | | | | | |
| 4 | | | | | | | |
| 编制 | | 审核 | | | 批注 | | 共　页第　页 |

4. 切削用量：..............................................................................

...............................................................................................

...............................................................................................

...............................................................................................

...............................................................................................

5. 制定加工工艺，填写数控加工工序卡表：

### 数控加工工序卡表

| | 数控加工<br>工序卡片 | 产品名称<br>或代号 | 零件名称 | | 材料 | 零件图号 |
|---|---|---|---|---|---|---|
| 工序号 | 程序编号 | 夹具编号 | 设备 | | 车间 | 备注 |
| 工步号 | 工步内容 | 刀具号 | 刀具<br>规格 | 主轴转速 | 进给<br>速度 | 背吃<br>刀量 | |
| 1 | | | | | | | |
| 2 | | | | | | | |
| 3 | | | | | | | |
| 4 | | | | | | | |
| 编制 | | 审核 | | 批注 | | 共　　页<br>第　　页 | |

## 四、数值计算

...............................................................................................

...............................................................................................

...............................................................................................

...............................................................................................

...............................................................................................

...............................................................................................

## 五、编程加工程序表

**编程加工程序表**

| 程序 | 说明 |
|---|---|
|  |  |
|  |  |
|  |  |

## 六、程序校验、试切

## 七、自动运行加工

# 八、检查

.................................................................................

.................................................................................

**实习心得**

.................................................................................

.................................................................................

.................................................................................

.................................................................................

.................................................................................

.................................................................................

.................................................................................

.................................................................................

.................................................................................

.................................................................................

.................................................................................

.................................................................................

.................................................................................

.................................................................................

.................................................................................

签名：　　　　　　日期：

## 实习报告 9

# 椭圆凸台外轮廓零件的加工练习

姓名 _____　　　时间 _____

班级 _____　　　地点 _____

学号（实习证号）_____　　　指导教师 _____

### 指导教师批阅意见

［评语］




［成绩］

签名_____　　　　年　　月　　日

# 一、加工零件图

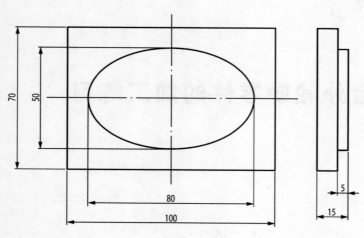

**技术要求：**
1. 未注倒角 C1。
2. 不允许使用砂布抛光。

# 二、零件图分析

   1. 结构分析：

   2. 尺寸精度分析：

   3. 形状精度分析：

4. 表面粗糙度：........................................................................................

...........................................................................................................

...........................................................................................................

...........................................................................................................

# 三、加工工艺分析

1. 确定加工方案：..............................................................................

...........................................................................................................

...........................................................................................................

2. 确定装夹方案：..............................................................................

...........................................................................................................

...........................................................................................................

3. 确定刀具并填写数控刀具卡表：

## 数控加工刀具卡表

| 产品名称或代号 | 零件名称 | 数控加工刀具卡 | 零件图号 | | 程序编号 | 使用设备 | |
|---|---|---|---|---|---|---|---|
| | 组合见加工 | | | | | | |
| 序号 | 刀具号 | 刀具规格名称 | 刀具型号 | | 刀尖半径 | 加工表面 | 备注 |
| | | | 刀体 | 刀片 | | | |
| 1 | | | | | | | |
| 2 | | | | | | | |
| 3 | | | | | | | |
| 4 | | | | | | | |
| 编制 | | 审核 | | | 批注 | | 共　页<br>第　页 |

— 47 —

4. 切削用量：

5. 制定加工工艺，填写数控加工工序卡表：

**数控加工工序卡表**

| | 数控加工工序卡片 | 产品名称或代号 | 零件名称 | | 材料 | 零件图号 |
|---|---|---|---|---|---|---|
| 工序号 | 程序编号 | 夹具编号 | 设备 | | 车间 | 备注 |
| 工步号 | 工步内容 | 刀具号 | 刀具规格 | 主轴转速 | 进给速度 | 背吃刀量 | |
| 1 | | | | | | | |
| 2 | | | | | | | |
| 3 | | | | | | | |
| 4 | | | | | | | |
| 编制 | | 审核 | | 批注 | | 共 页第 页 | |

# 四、数值计算

## 五、编程加工程序表

### 编程加工程序表

| 程序 | 说明 |
|---|---|
|  |  |
|  |  |
|  |  |

## 六、程序校验、试切

## 七、自动运行加工

## 八、检查

实习心得

签名：　　　　　日期：

# 外轮廓倒角零件的加工练习

姓名 _____          时间 _____

班级 _____          地点 _____

学号（实习证号）_____          指导教师 _____

## 指导教师批阅意见

[评语]




[成绩]

签名_____          年     月     日

# 一、加工零件图

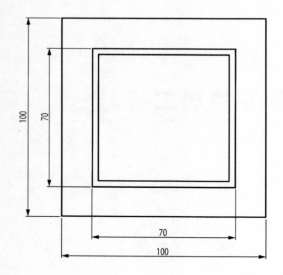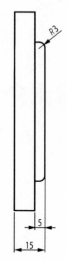

**技术要求:**
1. 未注倒角 C1。
2. 不允许使用砂布抛光。

# 二、零件图分析

    1. 结构分析:

    2. 尺寸精度分析:

    3. 形状精度分析:

4．表面粗糙度：

## 三、加工工艺分析

　　1．确定加工方案：

　　2．确定装夹方案：

　　3．确定刀具并填写数控刀具卡表：

### 数控加工刀具卡表

| 产品名称或代号 | 零件名称 | 数控加工刀具卡 | 零件图号 | | 程序编号 | 使用设备 |
|---|---|---|---|---|---|---|
| | 组合见加工 | | | | | |
| 序号 | 刀具号 | 刀具规格名称 | 刀具型号 | | 刀尖半径 | 加工表面 | 备注 |
| | | | 刀体 | 刀片 | | | |
| 1 | | | | | | | |
| 2 | | | | | | | |
| 3 | | | | | | | |
| 4 | | | | | | | |
| 编制 | | 审核 | | | 批注 | | 共　页第　页 |

4. 切削用量：

_____

_____

_____

_____

5. 制定加工工艺，填写数控加工工序卡表：

### 数控加工工序卡表

| 数控加工工序卡片 | 产品名称或代号 | 零件名称 | | 材料 | 零件图号 |
|---|---|---|---|---|---|
| | | | | | |
| 工序号 | 程序编号 | 夹具编号 | 设备 | 车间 | 备注 |
| | | | | | |
| 工步号 | 工步内容 | 刀具号 | 刀具规格 | 主轴转速 | 进给速度 | 背吃刀量 | |
| 1 | | | | | | | |
| 2 | | | | | | | |
| 3 | | | | | | | |
| 4 | | | | | | | |
| 编制 | | 审核 | | 批注 | | 共 页 第 页 | |

## 四、数值计算

_____

_____

_____

_____

_____

## 五、编程加工程序表

**编程加工程序表**

| 程序 | 说明 |
|---|---|
|  |  |
|  |  |
|  |  |

## 六、程序校验、试切

## 七、自动运行加工

..............................................................................

..............................................................................

..............................................................................

## 八、检查

..............................................................................

..............................................................................

..............................................................................

实习心得

..............................................................................

..............................................................................

..............................................................................

..............................................................................

..............................................................................

..............................................................................

..............................................................................

..............................................................................

..............................................................................

..............................................................................

..............................................................................

签名：　　　　　日期：

# 实习报告 11

## 综合类零件的加工练习

姓名 _____　　时间 _____

班级 _____　　地点 _____

学号（实习证号）_____　　指导教师 _____

<table>
<tr><td colspan="2" align="center">指导教师批阅意见</td></tr>
<tr><td>［评语］</td><td></td></tr>
<tr><td>［成绩］</td><td></td></tr>
<tr><td colspan="2">签名_____　　　年　　月　　日</td></tr>
</table>

# 一、加工零件图

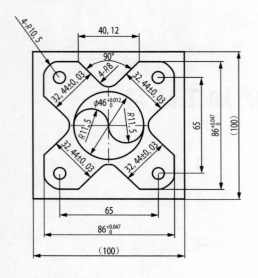

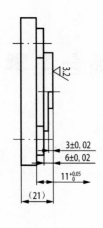

**技术要求：**

1. 未注倒角 C1。
2. 不允许使用砂布
   抛光。

# 二、零件图分析

1. 结构分析：

2. 尺寸精度分析：

3. 形状精度分析：

4. 表面粗糙度：

.................................................................................

.................................................................................

.................................................................................

.................................................................................

# 三、加工工艺分析

1. 确定加工方案：

.................................................................................

.................................................................................

.................................................................................

2. 确定装夹方案：

.................................................................................

.................................................................................

.................................................................................

3. 确定刀具并填写数控刀具卡表：

## 数控加工刀具卡表

| 产品名称<br>或代号 | 零件<br>名称 | 数控加工<br>刀具卡 | 零件图号 | | 程序编号 | 使用设备 | |
|---|---|---|---|---|---|---|---|
| | 组合<br>见加工 | | | | | | |
| 序号 | 刀具号 | 刀具规格<br>名称 | 刀具型号 | | 刀尖半径 | 加工<br>表面 | 备注 |
| | | | 刀体 | 刀片 | | | |
| 1 | | | | | | | |
| 2 | | | | | | | |
| 3 | | | | | | | |
| 4 | | | | | | | |
| 编制 | | 审核 | | | 批注 | 共　页<br>第　页 | |

4. 切削用量：_____

_____

_____

_____

5. 制定加工工艺，填写数控加工工序卡表：

### 数控加工工序卡表

| | 数控加工工序卡片 | 产品名称或代号 | 零件名称 | | 材料 | 零件图号 |
|---|---|---|---|---|---|---|
| | | | | | | |
| 工序号 | 程序编号 | 夹具编号 | 设备 | | 车间 | 备注 |
| | | | | | | |
| 工步号 | 工步内容 | 刀具号 | 刀具规格 | 主轴转速 | 进给速度 | 背吃刀量 | |
| 1 | | | | | | | |
| 2 | | | | | | | |
| 3 | | | | | | | |
| 4 | | | | | | | |
| 编制 | | 审核 | | 批注 | | 共　页第　页 |

# 四、数值计算

_____

_____

_____

_____

_____

## 五、编程加工程序表

**编程加工程序表**

| 程序 | 说明 |
|---|---|
|  |  |
|  |  |

## 六、程序校验、试切

# 七、自动运行加工

........................................................................................................

........................................................................................................

# 八、检查

........................................................................................................

........................................................................................................

实习心得

........................................................................................................

........................................................................................................

........................................................................................................

........................................................................................................

........................................................................................................

........................................................................................................

........................................................................................................

........................................................................................................

........................................................................................................

........................................................................................................

........................................................................................................

........................................................................................................

........................................................................................................

签名：　　　　　　日期：

# 参考文献

［1］黄道业．数控铣床（加工中心）编程操作及实训．合肥：合肥工业大学出版社，2005

［2］沈建峰，卢俊．数控铣工/加工中心操作工（高级）．北京：机械工业出版社，2007

［3］李峰，白一凡．数控铣削变量编程实例教程．北京：化学工业技术出版社．2007

［4］刘仲海、张重山．数控铣床编程与强化实训．北京：北京理工大学出版社，2009

［5］袁锋．全国数控大赛试题精编［M］．北京：机械工业出版社，2005

［6］蒋建国．数控加工技术与实训．北京：电子工业出版社，2006